建设项目全过程造价管理

王庚兴◎著

吉林科学技术出版社

图书在版编目（CIP）数据

建设项目全过程造价管理 / 王庚兴著 . 一 长春：
吉林科学技术出版社，2023.10
ISBN 978-7-5744-0973-6

Ⅰ . ①建… Ⅱ .①王… Ⅲ .①建筑造价管理－研究
Ⅳ . ① TU723.31

中国国家版本馆 CIP 数据核字 (2023) 第 208105 号

建设项目全过程造价管理

著	王庚兴	
出 版 人	宛 霞	
责任编辑	杨超然	
封面设计	李宁宁	
制 版	李宁宁	
幅面尺寸	185mm × 260mm	
开 本	16	
字 数	197 千字	
印 张	10.75	
印 数	1－1500 册	
版 次	2023年10月第1版	
印 次	2024年2月第1次印刷	

出 版 吉林科学技术出版社
发 行 吉林科学技术出版社
地 址 长春市福祉大路5788号
邮 编 130118
发行部电话/传真 0431-81629529 81629530 81629531
81629532 81629533 81629534
储运部电话 0431-86059116
编辑部电话 0431-81629518
印 刷 三河市嵩川印刷有限公司

书 号 ISBN 978-7-5744-0973-6
定 价 88.00元

前　言

随着计划经济向市场经济的转变，建设市场出现了新的繁荣，涉及企业、市场、政府三方面关系的工程造价咨询服务机构如雨后春笋般应运而生，工程造价咨询的从业人员不断增加。工程造价咨询逐渐形成一个行业，它依靠自身强大的技术力量与严格的现代化管理，承担着大量的工程造价技术咨询服务工作，为政府与企业的决策提供及时有效的市场信息，合理确定与有效控制工程造价，保障建设单位和施工企业的合法权益，维护建设市场的秩序，促进建设事业的健康持续发展。

工程造价咨询行业的出现是技术进步和社会发展的结果，它伴随我国市场经济发展而发展。作为一个新兴行业，它是集智能、技术、法规于一体的高层次服务行业，要求从业人员有较高的业务水平和丰富的实践经验，同时还应具备良好的职业道德以及准确把握政策的能力。特别是随着我国工程造价管理的改革以及与国际惯例接轨，工程造价咨询内容和咨询方法将产生较大变化，面对新形势、新观念、新问题，工程造价咨询从业人员需要不断学习，认清新形势、研究新问题、探讨新方法和掌握新业务。

我国建设市场的迅速发展，建筑行业中的市场竞争压力不断增大。为适应市场变化，建设主体需要在保证建筑工程质量的前提下合理确定和有效控制造价，提高核心竞争力。另外，"一带一路"倡议提出后，我国建筑业与国际接轨进程加快，工程项目建设日益规范，社会需要高等院校培养既懂技术与经济，又懂管理和法律的优秀造价管理人才。作为高等院校培养工程造价管理专业人才的核心课程教材，本书紧紧围绕我国工程造价领域中现行的国家法规及规范标准设置内容，内容先进。

本书在编写过程中参阅了大量的国内优秀教材及造价工程师执业资格考试培训教材，在此对有关作者一并表示衷心的感谢。由于本书涉及的内容广泛，加上编者水平有限，不妥之处恳请同行专家、学者和广大读者批评指正，以便今后修订时改进。

目　　录

第一章　建设项目工程造价管理概论

建设项目的投资或工程造价是每个投资者以及建设各参与方所关心的一个非常重要的问题，由此，工程造价管理就成为建设工程管理的核心工作内容之一。从工程项目管理的角度出发，如何管理和控制每一个建设项目的工程造价，合理地使用建设资金，提高投资效益，是工程管理研究与实践的重要课题。工程造价及其管理贯穿于工程建设的全过程，工程造价管理工作的成效直接影响建设项目投资的经济效益，也涉及工程建设参与各方的经济利益。

第一节　建设项目工程造价的概念

建设项目是指按一个总体规划或设计进行建设的，由一个或若干个互有内在联系的单项工程组成的工程总和。建设项目又称工程建设项目，具体是指按照一个建设单位的总体设计要求，在一个或几个场地进行建设的所有工程项目之和，其建成后具有完整的系统，可以独立形成生产能力或者使用价值。通常以一家企业、一个单位或一个独立工程为一个建设项目。

工程项目建设，是通过勘察、设计和施工等活动，以及其他有关部门的经济活动来实现的。工程项目的建设包括从项目意向、项目策划、可行性研究、项目决策，到地质勘察、工程设计、建筑施工、安装施工、生产准备、竣工验收、联动试车等一系列非常复杂的技术经济活动，既有物质生产活动，又有非物质生产活动，其内容有土木工程、房屋建筑工程、生产或民用设备购置与安装工程，以及其他工程建设工作。

一、工程造价

工程造价，是指进行一个工程项目的建造所需要花费的全部费用，即从工程项目确定建设意向直至建成、竣工验收为止的整个建设期间所支出的总费用，这是保证工程项目建造正常进行的必要资金，是建设项目投资中的最主要的部分。工程造价主要由工程费用和工程其他费用组成。

（一）工程费用

工程费用包括建筑工程费用、安装工程费用和设备及工器具购置费用。

1. 建筑工程费用

建筑工程费用是指建设工程设计范围内的建设场地平整、竖向布置土石方工程费；各类房屋建筑及其附属的室内供水、供热、卫生、电气、燃气、通风空调、弱电等设备及管线安装工程费；各类设备基础、地沟、水池、冷却塔、烟囱烟道、水塔、栈桥、管架、挡土墙、场内道路、绿化等工程费；铁路专用线、场区外道路、码头工程费等。

2. 安装工程费用

安装工程费是指主要生产、辅助生产、公用等单项工程中需要安装的工艺、电气、自动控制、运输、供热、制冷等设备、装置安装工程费；各种工艺、管道安装及衬里、防腐、保温等工程费；供电、通信、自控等管线缆的安装工程费等。

建筑工程费用与安装工程费用的合计称为建筑安装工程费用。如上所述，它包括用于建筑物的建造及有关准备、清理等工程的费用，用于需要安装设备的安置、装配工程的费用等，是以货币表现的建筑安装工程的价值，其特点是必须通过兴工动料、追加活劳动才能实现。

3. 设备及工器具购置费用

设备、工器具购置费用是指建设工程设计范围内的需要安装及不需要安装的设备、仪器、仪表等及其必要的备品备件购置费；为保证投产初期正常生产所必需的仪器、仪表、工卡量具、模具、器具及生产家具等的购置费。在生产性建设项目中，设备工器具费用可称为"积极投资"，它占项目投资费用比重的提高，标志着技术的进步和生产部门有机构成的提高。

（二）工程其他费用

工程建设其他费用是指未纳入以上工程费用的、由项目投资支付的、为保证工程建设顺利完成和交付使用后能够正常发挥效用而必须开支的费用。它包括建设单位管理费、土地使用费、研究试验费、勘察设计费、配套工程费、生产准备费、引进技术和进口设备其他费、联合试运转费、预备费、财务费用以及涉及固定资产投资的其他税费等。

二、建设项目投资

投资费用是建设项目总投资费用（投资总额）的简称，有时也简称为"投资"，它包括建设投资（固定资金）和流动资金两部分，是保证项目建设和生产经营活动正常进行的必要资金。

按照国际上通用的划分规则和我国的财务会计制度，投资的构成有以下几个方面。

（一）固定投资

固定投资是指形成企业固定资产、无形资产和递延资产的投资。在过去，企业的无形资产很少，并且筹建期间不形成固定资产的开支可以核销，因此，固定投资也就是固定资产投资。现代的企业无形资产的比例逐渐增高，筹建期间的有关开支也已无处核销，都得计入资产的原值，因此，再称固定投资为固定资产投资就不完整了。所以，有的书上把这些投资叫作建设投资。按国际惯例，将其称为固定投资较为贴切。

固定投资中形成固定资产的支出叫固定资产投资。固定资产是指使用期限超过一年的房屋、建筑物、机器、机械、运输工具以及与生产经营有关的设备、器具、工具等。这些资产的建造或购置过程中发生的全部费用都构成固定资产投资。投资者如果用现有的固定资产作为投入的，按照评估确认或者合同、协议约定的价值作为投资；融资租入的，按照租赁协议或者合同确定的价款加运输费、保险费、安装调试费等计算其投资。

企业因购建固定资产而缴纳的固定资产投资方向调节税和耕地占用税，也应算作固定投资的组成部分。

（二）无形资产投资

无形资产投资是指专利权、商标权、著作权、土地使用权、非专利技术和商誉等的投入。递延资产投资主要是指开办费，包括筹建期间的人员工资、办公费、培训费、差旅费和注册登记费等。

除了以上固定投资的实际支出或作价形成固定资产、无形资产和递延资产的原值外，筹建期间的借款利息和汇兑损益，凡与购建固定资产或者无形资产有关的，计入相应的资产原值，其余都计入开办费，形成递延资产原值的组成部分。

（三）流动投资

流动资金是指为维持生产而占用的全部周转资金。它是流动资产与流动负债的差额。流动资产包括各种必要的现金、存款、应收及预付款项和存货；流动负债主要是指应付账款。值得指出的是，这里所说的流动资产是指为维持一定规模生产所需要的最低的周转资金和存货；这里指的流动负债只含正常生产情况下平均的应付账款，不包括短期借款。为了表示区别，把资产负债表中的通常含义下的流动资产称为流动资产总额，它除了上述的最低需要的流动资产外，还包括生产经营活动中新产生的盈余资金。同样，把通常含义下的流动负债叫流动负债总额，它除应付账款外，还包括短期借款，当然也包括为解决流动资金投入所需要的短期借款。

一般来说的投资主要是指固定资产投资。事实上，生产经营型的项目还要有一笔数量不小的流动资金的投资。如一个工厂建成后，光有厂房、设备和设施还不能运行，还要有一笔资金来购买原料、半成品、燃料和动力等，待产品卖出以后才能回收这笔资金。从动态看，工厂在生产经营过程中，始终有一笔用于原材料、半成品、在制品和成品贮备占用的资金，当然，还有一笔必要的现金被占用着。投资估算时，要把这笔投资也考虑在内。

通常，建设项目的总投资费用首先是按现行的价格估计的，不包括涨价因素。由于建设周期很长，涨价的情况是无法避免的。考虑了涨价因素，实际的投资肯定会有所增加。另外，投资需要的资金中一般会有很大一部分是依靠借款来解决，从借款开始到项目建成，还会发生借款的利息、承诺费和担保费等，这些开支有时就要用投资者的自有资金来支付，或者再借款来偿付，有些可能待项目投入运行以后再偿付，不管怎样，实际上要筹措的资金远比工程上所花费的资金要多。

一般把建筑安装工程费用、设备、工器具购置费用、其他费用和预备费中的基本预备费之和，称为静态投资，也即指编制预期投资（估算、概算、预算造价总称）时以某一基准年、月的建设要素的单价为依据所计算出的投资瞬时值，包括了因工程量误差而可能引起的投资增加，不包括以后年月因价格上涨等风险因素增加的投资，以及因时间迁移而发生的投资利息支出。相应地，动态投资是指完成一个建设项目预计所需投资的总和，包括静态投资、价格上涨等风险因素而需要增加的投资以及预计所需的利息支出。

三、建筑产品价格

建筑产品是指土木工程、房屋、构筑物的建造和设备安装成果，它是建筑物的物质生产成果，是提供给社会的产品。建筑产品同其他工业产品一样具有价值和使用价值，并且是为他人使用而生产的，具有商品的性质。

建筑产品价格，是建筑产品价值的货币表现，是在建筑产品生产中社会必要劳动时间的货币名称。在建筑市场上，建筑产品价格是建设工程招标投标的定标价格，也表现为建设工程的承包价格和结算价格。

建筑产品价格主要包括生产成本、利润和税金三个部分，其中生产成本又可分为直接成本和间接成本。建筑产品价格除具有一般商品价格的特性外，还具有许多与其他商品价格不同的特点，这是由建筑产品的技术经济特点如产品的一次性、体型大、生产周期长、价值高等因素所决定的。

因建筑产品生产是一次性的、独特的，每一产品都要按项目业主的特定需要单独设计、单独施工，不能成批量生产和按整个产品确定价格，只能以特殊的计价方法，即要将整个产品进行分解，划分为可以按定额等技术经济参数测算价格的基本单元子项（或称分部分项工程），计算出每一单元子项的费用后，再综合形成整个工程的价格。这种价格计算方法称为工程预算和结算。又因建筑产品是先交易后生产，由项目业主在建筑市场上通过招标投标的方式选择工程承包人，所以，在产品生产之前就需预先知道产品的价格，且交易双方都会同时参与产品价格的形成和管理。建筑产品的固定性又使其价格具有地区性，不同地区之间的价格水平不一。

建筑产品价格构成是建筑产品价格各组成要素的有机组合形式。在通常情况下，建筑产品价格构成与建设项目总投资中建筑安装工程费用构成二者相同，后者是从投资耗费角度进行的表述，前者反映商品价值的内涵，是对后者从价格学角度的归纳。当然，随着建设工程服务提供模式的变化，建筑产品价格的构成也会变化，如对于施工总承包、设计与施工总承包或是 EPC 等不同的工程发承包模式，相应的工程承包价格的构成也不同。

综上所述，可以这样理解，投资费用包含工程造价，工程造价包含建筑产品价格。

一般来说，由于建设项目投资费用的主要部分是由建筑安装工程费用、设备工器具购置费用以及工程建设其他费用所构成，通常仅就工程项目的建设及建设期而言，从狭义的角度，人们习惯上将投资费用与工程造价等同，将投资控制与工程造价管理等同。

第二节　建设项目工程造价管理及其主要内容

工程造价管理是以建设工程项目为对象，为在计划的工程造价目标值以内实现项目，而对工程建设活动中的造价所进行的策划和控制。

工程造价管理主要由两个并行、各有侧重又互相联系、相互重叠的工作过程构成，即工程造价的策划过程与工程造价的控制过程。在项目建设的前期，以工程造价的策划为主；在项目的实施阶段，工程造价的控制将占主导地位。

工程项目的建设，需要经过多个不同的阶段，需要按照项目建设程序从项目构思产生，到设计蓝图形成，再到工程项目实现，一步一步地实施。而在工程建设的每一重要步骤的管理决策中，均与对应的工程造价费用紧密相关，各个建设阶段或过程均存在相应的工程造价管理问题。也就是说，工程造价的策划与控制贯穿于工程建设的各个阶段。

一、项目建设程序

建设程序是指建设项目从设想、选择、评估、决策、设计、施工到竣工验收、投入使用或生产等的整个建设过程中，各项工作必须遵循先后次序的法则。这个法则是人们在认识客观规律的基础上制定出来的，是建设项目科学决策和顺利进行的重要保证。按照建设项目产生发展的内在联系和发展过程，建设程序分为若干阶段，这些发展阶段是有严格的先后次序，不能任意颠倒而违反它的发展规律。

通常，项目建设程序的主要阶段有：项目建议书阶段，可行性研究报告阶段，设计工作阶段，建设准备阶段，建设实施阶段和竣工验收阶段等。这几个大的阶段中都包含着许多环节，这些阶段和环节各有其不同的工作内容。

（一）项目建议书阶段

项目建议书是要求建设某一具体项目的建议文件，是项目建设程序中最初阶段的工作，是投资决策前对拟建项目的轮廓设想。项目建议书的主要作用是为了推荐一个拟进行建设的项目的初步说明，论述它的建设必要性、条件的可行性和获利的可能性，供项目投资人或建设管理部门选择并确定是否进行下一步工作。

20 世纪 70 年代，我国规定的基本建设程序第一步是设计任务书（计划任务书）。为了进一步加强项目前期工作，对项目的可行性进行充分论证，从 20 世纪 80 年代初期起规定了程序中增加项目建议书这一步骤。项目建议书经批准后，可以进行详细的可行性研究工作，但并不表明项目非上不可，项目建议书不是项目的最终决策。项目建议书的内容视项目的不同情况而有简有繁。

（二）可行性研究报告阶段

1. 可行性研究

项目建议书一经批准，即可着手进行可行性研究，对项目在市场上是否有需求、在技术上是否可行、经济上是否合理进行科学分析和论证。我国从 20 世纪 80 年代初将可行性研究正式纳入基本建设程序和前期工作计划，规定大中型项目、利用外资项目、引进技术和设备进口项目都要进行可行性研究，其他项目有条件的也要进行可行性研究。

2. 可行性研究报告的编制

可行性研究报告是确定建设项目、编制设计文件的重要依据，所有基本建设都要在可行性研究通过的基础上，选择经济效益最好的方案编制可行性研究报告。由于可行性研究报告是项目最终决策和进行初步设计的重要文件，因此，要求它有相当的深度和准确性。财务评价和国民经济评价，是可行性研究报告中的重要部分。

3. 可行性研究报告审批或备案

按照国家有关规定，属政府投资或合资的大中型和限额以上项目的可行性研究报告，要送国家主管部门审批。可行性研究报告批准后，不得随意修改和变更。如果在建设规模、产品方案、建设地区、主要协作关系等方面有变动以及突破投资控制数时，应经原批准机关同意。经批准的可行性研究报告，是确定建设项目、编制设计文件的依据。对于企业不使用政府投资建设的项目，区别不同情况实行核准制和备案制。其中，政府仅对重大项目和限制类项目从维护社会公共利益角度进行核准，其他项目无论规模大小，均改为备案制，项目的市场前景、经济效益、资金来源和产品技术方案等均由企业自主决策和自担风险。

（三）设计工作阶段

设计是对拟建工程的实施在技术上和经济上所进行的全面而详尽地安排，是建设计划的具体化，是把先进技术和科技成果引入建设的渠道，是整个工程建设的决定性环节，是组织施工的依据，它直接关系着工程质量和将来的使用效果。可行性研究报告经批准后的建设项目可通过设计竞赛或其他方式选择设计单位，按照已批准的内容和要求进行设计，编制设计文件。如果初步设计提出的总概算，超过可行性研究报告确定的总投资估算的一定幅度（如 10% 以上）或其他主要指标需要变更时，要重新报批可行性研究报告。

（四）建设准备阶段

项目在开工建设之前要切实做好各项准备工作，主要内容有：征地、拆迁和场地平整；完成施工用水、用电、临时道路等设施；组织设备、材料订货；准备必要的施工图纸；组织工程招标，择优选定工程承包单位。

（五）工程施工阶段

1. 建设项目经批准开工建设，项目即进入了施工阶段，项目开工时间，是指建设项目设计文件中规定的任何一项永久性工程第一次破土或正式打桩。建设工期从开工时算起。

2. 年度基本建设投资额，即基本建设年度计划使用的投资额，是以货币形式表现的基本建设工作量，是反映一定时期内基本建设规模的综合性指标。

3. 生产或运营准备是建设项目投产前所要进行的一项重要工作。它是项目建设程序中的重要环节，是衔接基本建设和生产或运营的桥梁，是建设阶段转入生产或运营的必要条件，建设单位应当根据建设项目或主要单项工程生产技术的特点，适时组成专门班子或机构，做好各项生产或运营准备工作，如招收和培训人

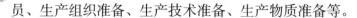

员、生产组织准备、生产技术准备、生产物质准备等。

（六）竣工验收阶段

竣工验收是工程建设过程的最后一环，是全面考核建设成果、检验设计和工程质量的重要步骤，也是项目建设转入使用或生产的标志。通过竣工验收，一是检验设计和工程质量，保证项目按设计要求的技术经济指标正常使用或生产；二是有关部门和单位可以总结经验教训；三是建设单位对验收合格的项目可以及时移交固定资产，使其由建设系统转入生产系统或投入使用。凡符合竣工条件而不及时办理竣工验收的，一切费用不准再由投资中支出。

工程建设属于社会化大生产，其规模大、内容多、工作量浩繁、牵涉面广、内外协作关系错综复杂，而各项工作又必须集中在特定的建设地点和范围进行，在活动范围上受到严格限制，因而要求各有关单位密切配合，在时间和空间的延续和伸展上合理安排。尽管各种建设项目及其建设过程错综复杂，而各建设工程所必需的一般历程，基本上还是相同的，有其客观规律。

不论什么项目，一般总是必须先调查、规划、评价，而后确定项目、确定投资；先勘察、选址，而后进行设计；先设计，而后进行施工；先安装试车，而后竣工投产；先竣工验收，而后交付使用，这是工程建设内在的客观规律，是不以人的意志为转移的。

制定建设程序，就是要反映工程建设内在的规律性，防止主观盲目性。纵观过去，在工程建设领域虽反复强调要按建设程序实施，但实际执行过程中，违反建设程序，凭主观意志上项目、盲目追求高速度等现象时有发生，有的建设项目在地质条件尚未勘察清楚前就仓促上马，有的项目在设计文件尚未完成之际就急于施工，等等，造成有的新建项目技术落后，资源不落实，投资大幅度超支，经济效益差；有的项目建设过程中，由于前期考虑不周，导致方案一改再改，大量返工。凡违反建设程序的现象的，都造成了一定的损失。

二、工程造价的策划

工程造价管理工作融合体现在项目建设程序中的各个阶段，在项目建设的前期阶段，工程造价的策划是工程造价管理的工作重心，并起着主导作用。其中，工程造价费用的计算和确定是非常重要的管理工作内容。

（一）工程造价计价的特点

工程造价费用计算的主要特点是单个性计价、多次性计价和工程结构分解计价。

1. 单个性计价

每一项建设工程都有指定的专门用途，所以也就有不同的结构、造型和装饰，不同的体积和面积，建设时要采用不同的工艺设备和建筑材料。即使是用途相同的建设工程，其技术水平、建筑等级和建筑标准也有差别。建设工程还必须在结构、造型等方面适应工程所在地气候、地质、地震、水文等自然条件，适应当地的风俗习惯。这就使建设工程的实物形态千差万别；再加上不同地区构成工程造价费用的各种价格要素的差异，导致建设工程造价的千差万别。因此，对于建设工程，就不能像对工业产品那样按品种、规格、质量标准等成批定价，只能单个建设工程项目单独计算工程造价，即单个计价。

能通过特殊的程序（编制估算、概算、预算、合同价、结算价及最后确定竣工决算价等），就每一个建设工程项目单独计算工程造价，即单个计价。

2. 多次性计价

建设工程的生产过程是一个周期长、数量大的生产消费过程，包括可行性研究和工程设计、建筑施工在内的过程一般较长，而且要分阶段进行，逐步深化。为了适应工程建设过程中各方经济关系的建立、适应工程项目管理的要求、适应工程造价管理的要求，需要按照决策、设计、采购、施工等建设各阶段多次进行工程造价的计算。

从投资估算、设计概算、施工图预算到招标投标合同价，再到工程的结算价和最后在结算价基础上编制的竣工决算，整个计价过程是一个由粗到细、由浅到深，最后确定工程实际造价的过程。计价过程各环节之间相互衔接，前者制约后者，后者补充前者。工程造价计价的动态性和阶段性（多次性）特点，是由工程建设项目从决策到竣工交付使用，都有一个较长的建设期所决定的。在整个建设期内，构成工程造价的任何因素发生变化都必然会影响工程造价的变动，不能一次确定可靠的价格，要到竣工决算后才能最终确定工程造价，因此需要在建设程序的各个阶段进行计价，以保证工程造价的确定和控制的科学性。工程造价的多次性计价反映了不同的计价主体对工程造价的逐步深化、逐步细化、逐步接近和最终确定工程造价的过程。

（1）投资估算，是在建设项目的投资决策阶段（如项目构思策划、项目建议书、可行性研究等阶段），依据一定的数据资料和特定的方法，对拟建项目的投资数额进行的估计。

（2）设计概算，是在初步设计阶段，由设计单位根据初步设计或扩大初步设计图纸及说明、概算定额或概算指标、取费标准、设备材料概算价格等资料，编制和确定建设项目从筹建至竣工交付使用或生产所需全部费用的经济文件。

（3）施工图预算，是在施工图设计阶段，在设计概算的控制下，由设计单位在施工图设计完成后，根据施工图设计图纸、预算定额以及人工、材料、施工机械台班等资源价格，编制和确定的建设工程的造价文件。

（4）工程标底，是在工程招标发包过程中，由招标单位根据招标文件中的工程量清单和有关要求、施工现场实际情况、合理的施工方法以及有关规定等计算编制的招标工程的预期价格。招标工程如设置标底，标底可作为衡量投标报价是否合理的参考标尺。

（5）招标控制价，是在工程招标发包过程中，由招标单位根据有关计价规定计算的工程造价，其作用是招标单位用于对招标工程发包的最高控制限价。

（6）投标价，是在工程招标发包过程中，由投标单位按照招标文件的要求，根据工程特点，并结合自身的施工技术、装备和管理水平，依据有关计价规定自主确定的工程造价，是投标单位希望达成工程承包交易的期望价格。

（7）合同价，是在工程发、承包交易过程中，由发、承包双方以合同形式确定的工程承包价格。采用招标发包的工程，其合同价应为中标单位的投标价（中标价）。

（8）竣工结算价，是在承包单位完成工程合同约定的全部工程内容，发包单位依法组织竣工验收合格后，由发、承包双方按照合同约定的工程造价条款，即合同价、合同价款调整以及索赔和现场签证等事项确定的最终工程价款。

（9）竣工决算，是整个建设项目全部竣工验收合格后，建设单位编制的确定建设项目实际总投资的经济文件。竣工决算可以反映该建设项目交付使用的固定资产及流动资产的详细情况，可以作为财产交接、考核建设项目使用成本及新增资产价值的依据，也是对该建设项目进行清产核资和后评估的依据。

3. 工程结构分解计价

按有关规定，建设工程有大、中、小型之分。凡是按照一个总体设计进行建设的各个单项工程总体即是一个建设项目，它一般是一个企业（或联合企业）、事业单位或独立的工程项目。在建设项目中，凡是具有独立的设计文件、竣工后可以独立发挥生产能力或工程效益的工程被称为单项工程，也可将它理解为具有独立存在意义的完整的工程项目。各单项工程又可分解为各个能独立施工的单位工程。考虑到组成单位工程的各部分是由不同工人用不同工具和材料完成的，可以把单位工程进一步分解为分部工程。然后还可按照不同的施工方法、构造及规格，把分部工程更深化地分解为分项工程。分项工程是能用较为简单的施工过程生产出来的，可以用适量的计量单位计算并便于测定或计算的工程基本构造单元，也是假定的建筑安装施工产品。

与以上工程构成的方式相适应，建设工程具有分部组合计价的特点。计价时，首先要对工程项目进行分解，按构成进行分部计算，并逐层汇总。例如，为确定建设项目的总概算，要先计算各单位工程的概算，再计算各单项工程的综合概算，最终汇总成项目总概算。

（二）工程造价策划的主要内容

工程造价的策划包括两个方面，一是主要指计算和确定工程造价费用，或称工程造价的计价或估价；二是指基于确定的工程造价目标，进行工程造价管理的实施策划，制定工程项目建设期间控制工程造价的实施方案。

1. 工程造价的计价

工程造价策划中的计价活动，主要是对工程建造过程中预期的工程造价费用进行的计算和确定，目的是确定目标计划值，不包含对工程实际造价的计算，所以也称为工程造价的估价，或工程估价。

依据项目建设程序，工程造价的确定与工程建设阶段性工作深度相适应，一般分别按以下几个阶段进行工程估价，编制相应的工程造价文件。

（1）在项目建议书阶段，按照有关规定，应编制初步投资估算，经主管部门批准，作为拟建项目列入投资计划和开展前期工作的控制性造价目标的计划值。

（2）在可行性研究阶段，按照有关规定编制投资估算，经主管部门批准，即为该项目造价目标的控制性计划值。

（3）在初步设计阶段，按照有关规定编制设计概算（总概算），经主管部门批准，即为控制拟建项目工程造价的最高限额。对在初步设计阶段，通过建设项目招标投标签订承包合同协议的，其合同价也应在最高限价（总概算）相应的范围以内。

（4）在施工图设计阶段，按规定编制施工图预算，用以核实施工图阶段造价是否超过批准的设计概算。经发承包双方共同确认，主管部门认定通过的施工图预算，即为结算工程价款的主要依据。

（5）在施工准备阶段，按有关规定编制招标工程的标底或招标控制价，通过合同谈判，确定工程承包合同价格。对以施工图预算为基础招标投标的工程，承包合同价也是以经济合同形式确定的建筑安装工程造价。

（6）在工程施工阶段，根据施工图预算、合同价格，编制资金使用计划，作为工程价款支付、确定工程结算价的目标计划值。

2. 工程造价管理的实施策划

工程造价管理的实施策划，是根据拟建工程的特点、工程造价目标计划值、相应条件和环境等，确定工程造价管理的实施方案或称工程造价的控制方案，包括拟采用的控制工程造价的相关措施、管理方法、工作流程，以及各阶段造价控制的工作重点与核心工作等。工程造价控制的实施方案应按工程建造全过程，进行系统性和整体性设计，既关注建设各个阶段的控制内容和方法，更强调工程造价控制的全过程关联作用；控制工程造价的措施是综合性的，应从组织上、技术上、经济上、管理上制定相应措施，从而可以为工程建造过程中的造价控制工作提供指引、路径和方法。

通过工程造价的策划，获得的工程造价的估价文件、工程造价控制的实施方案等，形成系统性的工程造价策划文件。

三、工程造价的控制

工程造价的有效控制是工程建设管理的重要组成部分。所谓工程造价的控制，就是在建设项目投资决策阶段、设计阶段、工程发包阶段、施工阶段和运营准备阶段，按照拟定的工程造价策划文件和动态控制理论，把建设工程的实际造价控制在批准的投资限额以内，随时纠正发生的偏差，以保证建设项目投资目标的实现，以求在工程建造过程中能合理使用各类资源，取得较好的经济效益和社会效益。

（一）动态控制原理

工程项目管理的关键是要保证项目目标尽可能好地实现，可以说，项目策划或规划为项目预先建起了一座通向目标的桥梁和道路，即项目实施的轨道。当建设项目进入实质性启动阶段以后，项目就开始进入了预定的轨道。这时，工程项目管理的中心活动就逐渐变为以目标控制为主。

项目控制是保证组织的产出和策划一致的一种管理职能。如果项目没有目标，项目策划就无从谈起，也就不存在项目轨道，项目实施便漫无目的，更谈不上如何去进行项目控制。但如果每一个项目的项目策划都是那么完美和理想，以致项目实施中的任何实际进展都完全与计划相吻合，自然不需要项目控制也就实现了项目目标。但实际情况并非如此，项目具有其一次性和独特性，因此每一个项目都是全新的，只能借鉴类似项目的成功经验。

"计划是相对的，变化是绝对的；静止是相对的，变化是绝对的"是项目管理的哲学。这并非否定计划的必需性，而是强调了变化的绝对性和目标控制的重要性。

事实上，由于项目策划人员自身的知识和经验所限，不可能事先能够将影响项目建设的一切因素均考虑周全；此外，由于工程建设的特点，特别是在项目实施过程中，项目的内部条件和客观环境都会发生变化，如项目范围的变化、项目资金的限制、不可抗力的恶劣天气的出现、政策法规的变化、外汇的突然波动等，项目不会自动在正常的轨道上运行。在一些项目管理实践中，尽管人们进行了良好的项目策划和有效的组织工作，但由于忽视了项目控制，最终未能成功地实现预定的项目目标。

随着工程项目建设的不断进展，大量的人力、物力和财力投入项目实施之中，此时，应不断地对项目进展进行监控，以判断项目进展的实际值与目标计划值是否发生了偏差，如发生偏差，要及时分析偏差产生的原因，并采取果断的纠偏措施。必要的时候，还应对项目策划中的原定目标计划值进行重新论证。因此，工程项目管理成败如何，很大程度上取决于项目策划的科学性和项目控制的有效性。

在工程项目建设中，项目的控制紧紧围绕着三大目标的控制：投资控制、质量控制和进度控制。

这个流程应当定期，如每两周或一个月或不定期地循环进行，其表达的意思如下：

1. 项目投入，即把人力、物力和资金投入到项目实施中。

2. 设计、采购、施工和安装等行为发生后称工程进展。在工程进展过程中，必定存在各种各样的干扰，如恶劣气候、设计出图未及时等。

3. 收集实际数据，即对项目进展情况做出评估。

4. 把投资目标、进度目标和质量目标等的计划值与实际投资发生值、实际进度和质量检查数据进行比较。

5. 检查实际值和计划值有无偏差，如果没有偏差，则项目继续进展，继续投入人力、物力和财力等。

6. 如有偏差，则需要采取控制措施。

在工程项目管理中，在这一动态控制过程中，应着重做好以下几项工作：

1. 对目标计划值的论证和分析。实践证明，由于各种主观和客观因素的制约，项目策划中的目标计划值有可能是难以实现或不尽合理的，需要在项目实施的过程中，或合理调整，或细化和精确化。只有项目目标计划值是正确合理的，项目控制方能有效。

2. 及时对项目进展做出评估，即收集实际数据。没有实际数据的收集，就无法清楚了解和掌握工程的实际进展情况，更不可能判断是否存在偏差。因此，数据的及时、完整和正确是确定偏差的基础。

3. 进行计划值与实际值的比较，以判断是否存在偏差。这种比较同时也要求在项目策划阶段就应对数据体系进行统一的设计，以保证比较工作的效率和有效性。

4. 采取控制措施以确保项目目标的实现。

（二）工程造价控制的主要内容

对工程造价进行控制，是运用动态控制原理，在工程项目建设过程中的各个不同阶段，经常地或定期地将实际发生的工程造价值与相应的造价目标计划值进行比较。若发现实际工程造价值偏离计划工程造价值，则应采取纠偏措施，包括组织措施、经济措施、技术措施、合同措施、信息管理措施等，以确保工程项目投资总目标的实现。

1. 在项目决策阶段，根据拟建项目的功能要求和使用要求，做出项目定义，包括项目投资定义。并按项目策划的要求和内容以及随项目分析和研究的不断深入，逐步地将投资估算的误差率控制在允许范围之内。

2. 在初步设计阶段，运用设计标准与标准设计、价值工程方法、限额设计方法等，以及可行性研究报告中被批准的投资估算为工程造价目标控制计划值，控制初步设计。如果设计概算超出投资估算（包括允许的误差范围），应对初步设计的结果进行调整和修改。

3. 在施工图设计阶段，则应以被批准的设计概算为目标控制计划值，应用限额设计、价值工程等方法，以设计概算控制施工图设计工作的进行。如果施工图预算超过设计概算，则说明施工图设计的内容突破了初步设计所规定的项目设计原则，因而应对施工图设计的结果进行调整和修改。通过对设计过程中所形成的工程造价费用的层层控制，以在工程项目的设计阶段实现造价控制目标。

4. 在施工准备阶段，以工程设计文件（包括设计概算文件、施工图预算文件）为依据，结合工程施工的具体情况，如现场条件、市场价格、业主的特殊要求等，参与招标文件的制定，对设计工程量进行计量、计算工料机等资源消耗量和进行估价，确定招标工程的标底或招标控制价，选择合适的合同计价方式，确定工程承包合同的价格。

5. 在工程施工阶段，以施工图预算、工程承包合同价等为控制依据，通过工程计量、控制工程变更等方法，按照工程承包单位实际完成的工程量，严格确定施工阶段实际发生的工程费用。以合同价为基础，同时考虑因物价上涨所引起的造价提高，考虑到设计中难以预计的而在施工阶段实际发生的工程和费用，合理确定工程结算，控制建设工程实际费用的支出。

6. 在竣工验收阶段，全面汇集在工程建设过程中实际花费的全部费用，编制竣工决算，如实体现建设项目的实际总投资（工程造价），并总结分析工程建造的经验，积累技术经济数据和资料，不断提高工程造价管理的水平。

第三节　造价工程师

按我国现行规定，造价工程师是指通过全国造价工程师执业资格统一考试，或者通过资格认定或资格互认，取得中华人民共和国造价工程师执业资格并注册，取得中华人民共和国造价工程师注册执业证书和执业印章，从事工程造价管

理活动的专业人员。

　　未取得注册证书和执业印章的人员，不得以注册造价工程师的名义从事工程造价管理活动。

一、造价工程师应具备的能力

　　执业资格是对某些责任较大，社会通用性强，关系公共利益的专业技术工作实行的准入控制，是专业技术人员依法独立从事某种专业技术工作学识、技术和能力的必备标准。

　　造价工程师一般应具备以下主要能力：

　　1. 了解所建工程的功能或工艺过程，一名造价工程师应受过专门的设计训练，至少必须熟悉拟建工程项目的功能要求和使用要求，或生产性项目的工艺过程和流程，这样才有可能与设计师、承包单位共同讨论相关技术问题。

　　2. 对土木工程或房屋建筑及其施工技术等具有一定的知识，要了解各分部工程所包括的具体内容，了解指定的设备和材料性能并熟悉施工现场各工种的职能。

　　3. 能够采用现代经济分析方法，对拟建项目计算期（含建设期和生产期）内投入产出诸多经济因素进行调查、预测、研究、计算和论证，从而选择、推荐较优方案作为投资决策的重要依据。

　　4. 能够运用价值工程等技术经济方法，组织评选设计方案，优化设计，使设计在达到必要功能前提下，有效地控制项目投资。

　　5. 具有对工程项目估价（含投资估算、设计概算、施工图预算）的能力，当从设计方案和图纸中获得必要的信息以后，造价工程师能够使工作具体化并将所估价的准确度控制在一定范围以内。从项目委托阶段一直到谈判结束以及处理承包单位的索赔都需要做出不同程度的估价，因而估价是造价工程师最重要的专长之一，也是一门通过大量实践才可以熟练掌握的技能。

　　6. 根据设计图纸和现场情况具有计算工程量的能力，这是估价必不可少的，而做好此项工作并不那么容易，计算实物工程量并不是一般的数学计算，更是需要有工程背景，需要对工程有深刻的理解，有许多计算对象和内容往往隐含在设计图纸之中。

　　7. 需要对合同协议有确切的了解，当需要时，能对协议中的条款给出咨询意见，在可能引起争论的范围内，要有与承包单位谈判的才能和技巧。

　　8. 对有关法律有确切的了解，不能期望造价工程师又是一个律师，但是其应该具有足够的法律基础训练，以了解如何完成一项具有法律约束力的合同，合同各个部分的内涵以及合同履约方所承担的义务和责任。

9.有获得价格、成本费用信息和资料的能力，以及使用这些资料的方法。这些资料有多种来源，包括公开发表的价目表和价格目录、工程报价、类似工程的造价资料、由专业团体出版的价格资料和政府发布的价格信息等，造价工程师应能熟练运用这些资料，并考虑到工程项目具体地理位置、当地资源价格、到现场的运输条件和运费以及所得价格波动情况等，从而确定并控制工程造价。

二、造价工程师的工作内容

造价工程师的工作内容，就是在工程建设的全过程中对工程造价进行策划和控制，尽可能好地实现工程造价目标。

（一）在建设前期阶段，对建设项目的功能要求使用要求进行分析，做出准确的项目定义，以此为基础进行项目的投资定义，编制投资估算；进行建设项目的可行性研究，对拟建项目进行财务评价（微观经济评价）、国民经济评价（宏观经济评价）、环境和社会影响评价。

（二）在设计阶段，提出设计要求和设计任务书，组织进行方案设计竞赛，采用技术经济方法组织评选设计方案；协助选择勘察、设计单位，商签勘察、设计合同并组织实施。在设计过程中，以可行性研究报告中被批准的投资估算为造价目标计划值，控制方案设计、初步设计，以被批准的设计概算为造价目标计划值控制施工图设计的工作；编制或审查设计概算和施工图预算。

（三）在施工招标阶段，参与招标文件的编制，估算招标工程的预期价格（标底或招标控制价）；准备与发送招标文件，协助评审投标书，提出决标意见；参加合同谈判，选择合适的合同价格形式，确定工程承包合同价，协助签订工程承包合同。

（四）在施工阶段，审查承建单位提出的施工组织设计、施工技术方案和施工进度计划，提出改进意见；督促检查工程承包单位严格执行工程承包合同，调解建设单位与承包单位之间的争议，合理确定索赔费用；检查工程进度和施工质量，验收分部分项工程，按承包单位实际完成的工程量，签署工程付款凭证，审查工程结算；以合同价为基础，同时考虑物价的变化、设计中难以预计的在施工阶段实际增加的工程和费用，确定工程结算，严格控制工程实际费用的支出。

（五）在竣工验收阶段，参与工程竣工，提出验收报告；编制竣工决算，全面汇集在工程建设过程中实际花费的全部费用，如实体现建设项目的实际总投资，总结分析工程建设和投资控制工作的经验。

综上所述，工程的造价管理，即工程造价策划与工程造价控制贯穿于工程建设的各个阶段，贯穿于造价工程师工作的各个环节，是对工程造价进行系统性、整体性的管理。因造价工程师工作过失而造成重大事故，则要对事故的损失承担一定的责任。

三、我国造价工程师管理制度

我国对造价工程师实行注册执业管理制度。成为造价工程师，必须通过全国造价工程师执业资格统一考试，取得造价工程师执业资格；并按规定进行注册，取得中华人民共和国造价工程师注册执业证书和执业印章。

（一）执业资格考试

造价工程师执业资格考试实行全国统一大纲、统一命题、统一组织的办法，原则上考试每年举行一次。

1. 报考条件

按现行规定，凡中华人民共和国公民，遵纪守法并具备以下条件之一者，均可申请参加造价工程师执业资格考试：

（1）具有工程造价专业大学专科（或高等职业教育）学历，从事工程造价业务工作满 4 年。

具有土木建筑、水利、装备制造、交通运输、电子信息、财经商贸大类大学专科（或高等职业教育）学历，从事工程造价业务工作满 5 年。

（2）具有通过工程教育专业评估（认证）的工程管理、工程造价专业大学本科学历或学位，从事工程造价业务工作满 3 年。

具有工学、管理学、经济学门类大学本科学历或学位，从事工程造价业务工作满 4 年。

（3）具有工学、管理学、经济学门类硕士学位或者第二学士学位，从事工程造价业务工作满 2 年。

（4）具有工学、管理学、经济学门类博士学位。

（5）具有其他专业相应学历或者学位的人员，从事工程造价业务工作年限相应增加 1 年。

2. 考试内容

目前，造价工程师执业资格考试共设 4 个科目："建设工程造价管理""建设工程计价""建设工程技术与计量"和"建设工程造价案例分析"。参加考试的人员，须在连续四个考试年度通过全部科目。

（1）建设工程造价管理科目的考试内容，包括工程造价管理及其基本制度、相关法律法规、工程项目管理、工程经济、工程项目投融资、工程建设全过程造价管理等知识。

（2）建设工程计价科目的考试内容，包括建设工程造价构成、建设工程计价方法及计价依据、建设项目决策和设计阶段工程造价的预测、建设项目发承包阶段合同价款的约定、建设项目施工阶段合同价款的调整和结算、建设项目竣工决算的编制和竣工后质量保证金的处理等知识。

（3）建设工程技术与计量（土木建筑工程）科目的考试内容，包括工程地质、工程构造、工程材料、工程施工技术、工程计量等知识；建设工程技术与计量（安装工程）科目的考试内容，包括安装工程材料、安装工程施工技术、安装工程计量、通用设备工程、管道和设备工程、电气和自动化控制工程等知识。

（4）建设工程造价案例分析科目的考试内容，包括建设项目投资估算与财务评价、工程设计和施工方案技术经济分析、工程计量与计价、建设工程招标投标、工程合同价款管理、工程结算与决算等方面的案例分析，重点考查应考人员的实际操作和解决实际问题的综合能力。

（二）注册

取得执业资格的人员，经过注册方能以注册造价工程师的名义执业。注册造价工程师的注册条件为：

（1）取得执业资格。

（2）受聘于一个工程造价咨询企业或者工程建设领域的建设、勘察设计、施工、招标代理、工程监理、工程造价管理等单位。

取得执业资格的人员申请注册的，应当向聘用单位工商注册所在地的省、自治区、直辖市人民政府建设主管部门或者国务院有关部门提出注册申请。对申请初始注册的，注册初审机关应当自受理申请之日起 20 日内审查完毕，并将申请材料和初审意见报国务院建设主管部门。注册机关应当自受理之日起 20 日内做出决定。

取得资格证书的人员，可自资格证书签发之日起 1 年内申请初始注册。逾期未申请者，须符合继续教育的要求后方可申请初始注册。初始注册的有效期为 4 年。注册造价工程师注册有效期满需继续执业的，应当在注册有效期满 30 日前，按照规定的程序申请延续注册。延续注册的有效期为 4 年。

（三）执业

注册造价工程师执业范围包括：

1. 建设项目建议书、可行性研究投资估算的编制和审核，项目经济评价，工程概、预、结算、竣工结（决）算的编制和审核。

2. 工程量清单、标底（或者控制价）、投标报价的编制和审核，工程合同价款的签订及变更、调整、工程款支付与工程索赔费用的计算。

3. 建设项目管理过程中设计方案的优化、限额设计等工程造价分析与控制，工程保险理赔的核查。

4. 工程经济纠纷的鉴定。

注册造价工程师应当在本人承担的工程造价成果文件上签字并盖章。修改经注册造价工程师签字盖章的工程造价成果文件，应当由签字盖章的注册造价工程师本人进行。

5. 造价工程师的权利

注册造价工程师享有下列权利：

1. 使用注册造价工程师名称。

2. 依法独立执行工程造价业务。

3. 在本人执业活动中形成的工程造价成果文件上签字并加盖执业印章。

4. 发起设立工程造价咨询企业。

5. 保管和使用本人的注册证书和执业印章。

6. 参加继续教育。

（五）造价工程师的义务

注册造价工程师应当履行下列义务：

1. 遵守法律、法规、有关管理规定，恪守职业道德。

2. 保证执业活动成果的质量。

3. 接受继续教育，提高执业水平。

4. 执行工程造价计价标准和计价方法。

5. 与当事人有利害关系的，应当主动回避。

6. 保守在执业中知悉的国家秘密和他人的商业、技术秘密。

第二章 建设项目全过程造价管理

第一节 决策阶段工程造价管理

一、建设项目投资决策阶段的工作内容

建设项目投资决策阶段的工作内容包括项目策划、编制项目建议书、项目可行性研究报告及项目的投资决策审批。

（一）项目策划

项目策划是一种具有建设性、逻辑性的思维过程，在此过程中，目的就是把所有可能影响决策的决定总结起来，对未来起到指导和控制作用，最终借以达到方案目标。它是一门新兴的策划学，以具体的项目活动为对象，体现一定的功利性、社会性、创造性、时效性和超前性的大型策划活动。

项目策划是项目发掘、论证、包装、推介、开发、运营全过程的一揽子计划。项目的实施成功与否，除其他条件外，首要的一点就是所策划的项目是否具有足够吸引力来吸引资本的投入。项目策划的目的是建立并维护用以确定项目活动的计划。

1.项目策划的主要内容

项目策划阶段的主要活动包括：确定项目目标和范围；定义项目阶段、里程碑；估算项目规模、成本、时间、资源；建立项目组织结构；项目工作结构分解；识别项目风险；制定项目综合计划。项目计划是提供执行及控制项目活动的基础，以完成对项目客户的承诺。项目策划一般是在需求明确后制定的，项目策划是对项目进行全面的策划，它的输出就是"项目综合计划"。

2.项目策划的特点

美国哈佛企业管理丛书认为："策划是一种程序，在本质上是一种运用脑力的理性行为。"策划是以人类的实践活动为发展条件，以人类的智能创造为动力，随着人类的实践活动的逐步发展与智能水平的超越发展起来的，策划水平直接体

现了社会的发展水平。

项目策划是一门新兴的策划学，是以具体的项目活动为对象，体现一定的功利性、社会性、创造性、时效性的大型策划活动。

（1）功利性

项目策划的功利性是指策划能给策划方带来经济上的满足或愉悦。功利性也是项目策划要实现的目标，是策划的基本功能之一。项目策划的一个重要作用，就是使策划主体更好地得到实际利益。

项目策划的主体不同，策划主题不一，策划的目标也随之有差异，即项目策划的功利性又分为长远之利、眼前之利、钱财之利、实物之利、发展之利、权利之利、享乐之利等。在项目策划的实践中，应力求争取获得更多的功利。

（2）社会性

项目策划要依据国家、地区的具体实情来进行，它不仅注重本身的经济效益，更应关注它的社会效益，经济效益与社会效益两者的有机结合才是项目策划的功利性的真正意义所在。因此，项目策划要体现一定的社会性，只有这样，才能为更多的受众所接受。

（3）创造性

项目策划作为一门新兴的策划学，也应该具备策划学的共性——创造性。

提高策划的创造性，要从策划者的想象力与灵感思维入手，努力提高这两方面的能力。创造需要丰富的想象力，需要创造性的思维。创造性的思维方式，是一种高级的人脑活动过程，需要有广泛、敏锐、深刻的觉察力，丰富的想象力，活跃、丰富的灵感，渊博的知识底蕴，只有这样，才能把知识化为智慧，使之成为策划活动的智慧能源。创造性的思维，是策划活动创造性的基础，是策划生命力的体现，没有创造性的思维，项目策划活动的创造性就无从谈起。

（4）超前性

一项策划活动的制作完成，必须预测未来行为的影响及其结果，必须对未来的各种发展、变化的趋势进行预测，必须对所策划的结果进行事前事后评估。项目策划的目的就是"双赢"策略，委托策划方达到最佳满意，策划方获得用货币来衡量的思维成果，因此，策划方肩负着重要的任务，要想达到预期的目标，必须满足策划的超前性。项目策划要具有超前性，必须经过深入的调查研究。要使项目策划科学、准确，必须深入调查，获取大量真实全面的信息资料，必须对这些信息进行去粗取精，去伪存真，由表及里，分析其内在的本质。超前性是项目策划的重要特性，在实践中运用得当，可以有力地引导将来的工作进程，达到策划的初衷。

（二）编制项目建议书

项目建议书是拟建项目单位向国家提出的要求建设某一项目的建议文件，是对工程项目建设的轮廓设想。项目建议书的内容视项目的不同而有繁有简，但一般应包括以下几方面内容：

1. 项目提出的必要性和依据。

2. 产品方案、拟建规模和建设地点的初步设想。

3. 资源情况、建设条件、协作关系和设备技术引进国别、厂商的初步分析。

4. 投资估算、资金筹措及还贷方案设想。

5. 项目进度安排。

6. 经济效益和社会效益的初步估计。

7. 环境影响的初步评价。

对于政府投资项目，项目建议书按要求编制完成后，应根据建设规模和限额划分分别报送有关部门审批。

（三）项目的可行性研究

可行性研究是指对某工程项目在做出是否投资的决策之前，先对与该项目有关的技术、经济、社会、环境等所有方面进行调查研究，对项目各种可能的拟建方案认真地进行技术经济分析论证，研究项目在技术上的先进适用性，在经济上的合理性和建设上的可能性，对项目建成投产后的经济效益、社会效益、环境效益等进行科学的预测和评价，据此提出项目是否应该投资建设以及选定最佳投资建设方案等结论性意见，为项目投资决策部门提供决策的依据。

可行性研究广泛应用于新建、改建和扩建项目。在项目投资决策之前，通过做好可行性研究，使项目的投资决策工作建立在科学性和可靠性的基础之上，从而实现项目投资决策科学化，减少和避免投资决策的失误，提高项目投资的经济效益。

1. 可行性研究的作用

可行性研究是项目建设前期工作的重要组成部分，其作用体现在以下几个方面：

（1）可行性研究是建设项目投资决策的依据

由于可行性研究对与建设项目有关的各个方面都进行了调查研究和分析，并以大量数据论证了项目的先进性、合理性、经济性以及其他方面的可行性，所以可行性研究成为建设项目投资决策的首要环节，项目投资者主要根据项目可行性研究的评价结果，并结合国家的财政经济条件和国民经济发展的需要，做出此项目是否应该投资和如何进行投资的决定。

（2）可行性研究是项目筹集资金和向银行申请贷款的依据

银行通过审查项目可行性研究报告，确认项目的经济效益水平和偿还能力，在不承担过大风险时，银行才可能同意贷款。这对合理利用资金，提高投资的经济效益具有积极作用。

（3）可行性研究是项目科研试验、机构设置、职工培训、生产组织的依据

根据批准的可行性研究报告，进行与建设项目有关的科研试验，设置相宜的组织机构，进行职工培训以及合理的组织生产等工作安排。

（4）可行性研究是向当地政府、规划部门、环境保护部门申请建设执照的依据

可行性研究报告经审查，符合市政当局的规定或经济立法，对污染处理得当，不造成环境污染时，才能发给建设执照。

（4）可行性研究是项目建设的基础资料

建设项目的可行性研究报告，是项目建设的重要基础资料。项目建设过程中的技术性更改，应认真分析其对项目经济效益指标的影响程度。

（6）可行性研究是项目考核的依据

建设项目竣工，正式投产后的生产考核，应以可行性研究所制定的生产纲领、技术标准以及经济效果指标作为考核标准。

2. 可行性研究的目的

建设项目的可行性研究是项目进行投资决策和建设的基本先决条件和主要依据，可行性研究的主要目的可概括为以下几点：

（1）避免错误的项目投资决策

由于科学技术、经济和管理科学发展很快，市场竞争激烈，客观要求在进行项目投资决策之前做出准确无误的判断，避免错误的项目投资。

（2）减小项目的风险

现代化的建设项目规模大、投资额巨大，如果轻易做出投资决策，一旦遭遇风险，损失太大。通过可行性研究中的风险分析，了解项目风险的程度，为项目决策提供依据。

（3）避免项目方案多变

建设项目的可选方案很多，通过可行性研究，确定项目方案。方案的可靠性、稳定性是非常重要的，因为项目方案的多变必然会造成人力、物力、财力的巨大浪费和时间的延误，这将大大影响建设项目的经济效益。

（4）保证项目不超支、不延误

通过项目可行性研究，确定项目的投资估算和建设工期，可以使项目在估算的投资额范围以内和预定的建设期限以内竣工交付使用，保证项目不超支、不

延误。

（5）掌握项目可变因素

在项目可行性研究中，一般要分析影响项目经济效果变化的因素。通过项目可行性研究，对项目在建设过程中或项目竣工后，可能出现的相关因素的变化后果，做到心中有数。

（6）达到投资的最佳经济效果

由于投资者往往不满足于一定的资金利润率，要求在多个可能的投资方案中优选最佳方案。可行性研究为投资者提供了方案比较优选的依据，达到投资的最佳经济效果。

3. 可行性研究的阶段划分

项目可行性研究工作分为投资机会研究、初步可行性研究、详细可行性研究三个阶段。各个研究阶段的目的、任务、要求以及所需费用和时间各不相同，其研究的深度和可靠程度也不同。可行性研究工作是由建设部门或建设单位委托设计单位或工程咨询公司承担。

4. 可行性研究的工作程序

建设项目可行性研究的工作程序从项目建议书开始，到最后的可行性研究报告的审批，其过程包括很多环节。

5. 可行性研究的内容

建设项目可行性研究的内容，是指与项目有关的各个方面分析论证其可行性，包括建设项目在技术上、财务上、经济上、管理上等方面的可行性。可行性研究报告的内容可概括为三大部分，第一部分是市场研究，包括产品的市场调查和预测研究，是项目可行性研究的前提和基础，其主要任务是要解决项目的"必要性"问题；第二部分是技术研究，即技术方案和建设条件研究，是项目可行性研究的技术基础，它要解决项目在技术上的"可行性"问题；第三部分是效益研究，即项目经济效益的分析和评价，是项目可行性研究的核心部分，主要解决项目在经济上的"合理性"问题。市场研究、技术研究和效益研究共同构成项目可行性研究的三大支柱，其中经济评价是可行性研究的核心。

具体来说，一般工业建设项目可行性研究包括以下内容：

（1）总论

总论主要说明项目提出的背景（改扩建项目要说明企业现有概况），投资的必要性和经济意义，可行性研究的依据和范围。

（2）市场需求预测和拟建规模

市场需求预测是建设项目可行性研究的重要环节，通过市场调查和预测，了解市场对项目产品的需求程度和发展趋势。

①项目产品在国内外市场的供需情况。通过市场调查和预测，摸清市场对该项目产品的目前和将来的需要品种、质量、数量以及当前的生产供应情况。

②项目产品的竞争和价格变化趋势。摸清目前项目产品的竞争情况和竞争发展趋势，各厂家在竞争中所采取的手段、措施等。同时应注意预测可能出现的产品最低销售价格，由此确定项目产品的允许成本，这关系到项目的生产规模、设备选择、协作情况等。

③影响市场渗透的因素。影响市场渗透的因素很多，如销售组织、销售策略、销售服务、广告宣传、推销技巧、价格政策等，必须逐一摸清，从而采取相宜的销售渗透形式、政策和策略。

④估计项目产品的渗透程度和生命力。在综合研究分析以上情况的基础上，对拟建项目的产品可能达到的渗透程度及其发展变化趋势、现在和将来的销售量以及产品的生命力做出估计，并了解进入国际市场的前景。

（3）资源、原材料、燃料、电及公用设施条件研究

资源储量、品位、成分以及开采利用条件；原料、辅助材料、燃料、电和其他输入品的种类、数量、质量、单价、来源和供应的可能性；所需公共设施的数量、供应方式和供应条件。

（4）项目建设条件和项目位置选择

调查项目建设的地理位置、气象、水文、地质、地形条件和社会经济现状，分析交通、运输及水、电、气的现状和发展趋势。对项目位置进行多方案比较，并提出选择性意见。

（5）项目设计方案

确定项目的构成范围、技术来源和生产方法、主要技术工艺和设备选型方案的比较，引进技术、设备的来源、国别，与外商合作制造设备的设想。改扩建项目要说明对原有固定资产的利用情况。项目布置方案的初步选择和土建工程量估算。公用辅助设施和项目内外交通运输方式的比较和初步选择。

（6）环境保护

调查环境现状，预测项目对环境的影响，提出环境保护和"三废"治理的初步方案。

（7）生产组织管理、机构设置、劳动定员、职工培训可行性研究

在确定企业的生产组织形式和管理系统时，应根据生产纲领、工艺流程来组织相宜的生产车间和职能机构，保证合理地完成产品的加工制造、储存、运输、销售等各项工作，并根据对生产技术和管理水平的需要，来确定所需的各类人员和培训方案。

（8）项目的施工计划和进度要求

根据勘察设计、设备制造、工程施工、安装、试生产所需时间与进度要求，选择项目实施方案和总进度，并用横道图和网络图来表述最佳实施方案。

（9）投资估算和资金筹措

投资估算包括项目总投资估算，主体工程及辅助、配套工程的估算以及流动资金的估算；资金筹措应说明资金来源、筹措方式、各种资金来源所占的比例、资金成本及贷款的偿还方式。

（10）项目的经济评价

项目的经济评价包括财务评价和国民经济评价，通过有关指标的计算，进行项目盈利能力、偿债能力等分析，得出经济评价结论。

（11）综合评价与结论、建议

运用各项数据，从技术、经济、社会、财务等各个方面综合论述项目的可行性，推荐一个或几个方案供决策参考，并提出项目存在的问题、改进建议和结论性意见。

6. 可行性研究的编制依据和要求

（1）可行性研究的编制依据

编制建设项目可行性研究报告的主要依据有：

①国民经济发展的长远规划，国家经济建设的方针、任务和技术经济政策按照国民经济发展的长远规划、经济建设的方针和政策及地区和部门发展规划，确定项目的投资方向和规模，提出需要进行可行性研究的项目建议书。在宏观投资意向的控制下安排微观的投资项目，并结合市场需求，有计划地统筹安排好各地区、各部门与企业的产品生产和协作配套。

②项目建议书和委托单位的要求。项目建议书是做好各项准备工作和进行可行性研究的重要依据，只有经国家计划部门同意，并列入建设前期工作计划后，方可开展可行性研究的各项工作。建设单位在委托可行性研究任务时，应向承担可行性研究工作的单位，提出对建设项目的目标和要求，并说明有关市场、原料、资金来源以及工作范围等情况。

③有关的基础数据资料。进行项目位置选择、工程设计、技术经济分析需要可靠的自然、地理、气象、水文、地质、社会、经济等基础数据资料以及交通运输与环境保护资料。

④有关工程技术经济方面的规范、标准、定额国家正式颁布的技术法规和技术标准以及有关工程技术经济方面的规范、标准、定额等，都是考察项目技术方案的基本依据。

⑤国家或有关主管部门颁发的有关项目经济评价的基本参数和指标国家或

有关主管部门颁发的有关项目经济评价的基本参数主要有基准收益率、社会折现率、固定资产折旧率、汇率、价格水平、工资标准、同类项目的生产成本等，采用的指标有盈利能力指标、偿债能力指标等，这些参数和指标都是进行项目经济评价的基准和依据。

（2）可行性研究的编制要求

①编制单位必须具备承担可行性研究的条件项目可行性研究报告的内容涉及面广，并且有一定的深度要求。因此，编制单位必须是具备一定的技术力量、技术装备、技术手段和相当实践经验等条件的工程咨询公司、设计院及专门单位。参加可行性研究的成员应由工业经济专家、市场分析专家、工程技术人员、机械工程师、土木工程师、企业管理人员、造价工程师、财会人员等组成。

②确保可行性研究报告的真实性和科学性。可行性研究工作是一项技术性、经济性、政策性很强的工作，要求编制单位必须保持独立性和公正性，在调查研究的基础上，按客观实际情况实事求是地进行技术经济论证、技术方案比较和优选，切忌主观臆断、行政干预、划框框、定调子，保证可行性研究的严肃性、客观性、真实性、科学性和可靠性，确保可行性研究的质量。

③可行性研究的内容和深度要规范化和标准化。不同行业、不同项目的可行性研究内容和深度可以各有侧重和区别，但其基本内容要完整，文件要齐全，研究深度要达到国家规定的标准，按照国家计委颁布的有关文件的要求进行编制，以满足投资决策的要求。

④可行性研究报告必须签字与审批。可行性研究报告编完之后，应由编制单位的行政、技术、经济方面的负责人签字，并对研究报告的质量负责。另外，还必须上报主管部门审批。

（四）项目投资决策审批制度

根据《国务院关于投资体制改革的决定》（国发 [2004]20 号），政府投资项目实行审批制；非政府投资项目实行核准制或登记备案制。

1. 政府投资项目。

（1）对于采用直接投资和资本金注入方式的政府投资项目，政府需要从投资决策的角度审批项目建议书和可行性研究报告，除特殊情况外不再审批开工报告，同时还要严格审批其初步设计和概算；

（2）对于采用投资补助、转贷和贷款贴息方式的政府投资项目，则只审批资金申请报告。

2. 非政府投资项目。对于企业不使用政府资金投资建设的项目，政府不再进行投资决策性质的审批，区别不同情况实行核准制或登记备案制。

（1）核准制。企业投资建设《政府核准的投资项目目录》中的项目时，仅需向政府提交项目申请报告，不再经过批准项目建议书、可行性研究报告和开工报告的程序。

（2）备案制。对于《政府核准的投资项目目录》以外的企业投资项目，实行备案制。

除国家另有规定外，由企业按照属地原则向地方政府投资主管部门备案。

二、建设项目投资估算

（一）建设项目投资估算的基本概念

投资估算是指在投资决策过程中，依据现有的资源和一定的方法，对建设项目未来发生的全部费用进行预测和估算。建设项目投资估算的准确性直接影响到项目的投资方案、基建规模、工程设计方案、投资经济效果，并直接影响到项目建设能否顺利进行。

1. 建设项目投资估算的作用

（1）项目建议书阶段的投资估算，是项目主管部门审批项目建议书的依据之一，并对项目的规划、规模起参考作用。

（2）项目可行性研究阶段的投资估算，是项目投资决策的重要依据，也是研究、分析、计算项目投资经济效果的重要条件。当可行性研究报告被批准之后，其投资估算额就作为设计任务中下达的投资限额，即作为建设项目投资的最高限额，不得随意突破。

（3）项目投资估算对工程设计概算起控制作用，设计概算不得突破批准的投资估算额，并应控制在投资估算额以内。

（4）项目投资估算可作为项目资金筹措及制定建设贷款计划的依据，建设单位可根据批准的投资估算额，进行资金筹措和向银行申请贷款。

（5）项目投资估算是核算建设项目固定资产投资需要额和编制固定资产投资计划的重要依据。

（6）项目投资估算是进行工程设计招标、优选设计单位和设计方案的依据。在进行工程设计招标时，投标单位报送的标书中，除了具有设计方案的图纸说明、建设工期等之外，还应当包括项目的投资估算和经济性分析，以便衡量设计方案的经济合理性。

（7）项目投资估算是实行工程限额设计的依据。实行工程限额设计，要求设计者必须在一定的投资额范围内确定设计方案，以便控制项目建设和装饰的标准。

2. 投资估算的阶段划分与精度要求

在作初步设计之前的投资决策过程可分为项目规划阶段、项目建议书阶段、初步可行性研究阶段、详细可行性研究阶段、评估审查阶段、设计任务书阶段。不同阶段所掌握的资料和具备的条件不同，因而投资估算的准确程度不同，所起的作用也不同。

3. 投资估算的内容

根据工程造价的构成，建设项目的投资估算包括资产投资估算和流动资金估算。固定资产投资估算包括静态投资估算和动态投资估算。按照费用的性质划分，静态投资包括设备及工器具购置费、建筑安装工程费用、工程建设其他费用及基本预备费。动态投资则是在静态投资基础上加上建设期贷款利息、涨价预备费及固定资产投资方向调节税。根据国家现行规定，新建、扩建和技术改造项目，必须将项目建成投产后所需的流动资金列入投资计划，流动资金不落实的，国家不予批准立项，银行不予贷款。

（二）固定资产投资估算的编制方法

1. 静态固定资产投资估算

固定资产投资估算的编制方法很多，各有其适用条件和范围，而且其精度也各不相同。估算时应根据项目的性质，现有的技术经济资料和数据的具体情况，选用适宜的估算方法。

2. 动态投资估算法

动态投资估算是指在投资估算过程中，考虑资金的时间价值。动态投资除了包括静态投资外，还包括价格变动增加的投资额、建设期贷款利息和固定资产投资方向调节税。

（三）流动资金的估算方法

流动资金是指建设项目投产后维持正常生产经营所需购买原材料、燃料、支付工资及其他生产经营费用等所必不可少的周转资金。它是伴随着固定资产而发生的永久性流动资产投资，等于项目投产运营后所需全部流动资产扣除流动负债后的余额。流动资金的筹措可通过长期负债和资本金（权益融资）方式解决，流动资金借款部分的利息应计入财务费用，项目计算期末收回全部流动资金。

流动资金的估算一般采用两种方法。

1. 扩大指标估算法

扩大指标估算法是按照流动资金占某种基数的比率来估算流动资金的。一般常用的基数有销售收入、经营成本、总成本费用和固定资产投资等。究竟采用何种基数依行业习惯而定。所采用的比率根据经验确定，或根据现有同类企业的实际资料确定，或依行业、部门给定的参考值确定。扩大指标估算法简便易行，但准确度不高，适用于项目建议书阶段的估算。

2. 分项详细估算法

分项详细估算法也称分项定额估算法。它是国际上通行的流动资金估算方法，按照下列公式分项详细估算。

流动资金 = 流动资产 - 流动负债

流动资产 = 现金 + 应收及预付账款 + 存货

流动负债 = 应付账款 + 预收账款

流动资金本年增加额 = 本年流动资金 - 上年流动资金

（四）投资估算的审查

为了保证项目投资估算的准确性和估算质量，必须加强对项目投资估算的审查工作。

投资估算审查内容包括以下几个方面：

1. 审查投资估算编制依据的可信性

（1）审查选用的投资估算方法的科学性和适用性

因为投资估算方法很多，而每种投资估算方法都各有各的适用条件和范围，并具有不同的精确度。如果使用的投资估算方法与项目的客观条件不相适应，或者超出了该方法的适用范围，就不能保证投资估算的质量。

（2）审查投资估算采用数据资料的时效性和准确性

项目投资估算所需的数据资料很多，例如：已运行的同类型项目的投资、设备和材料价格、运杂费率、有关的定额、指标、标准以及有关规定等，这些资料都与时间有密切关系，都可能随时间发生不同程度的变化。因此，进行投资估算时必须注意数据的时效性和准确性。

2. 审查投资估算的编制内容与规定、规划要求的一致性

（1）审查项目投资估算包括的工程内容与规定要求是否一致，是否漏掉了某些辅助工程、室外工程等的建设费用。

（2）审查项目投资估算的项目产品生产装置的先进水平和自动化程度等是否符合规划要求的先进程度。

（3）审查是否对拟建项目与已运行项目在工程成本、工艺水平、规模大小、自然条件、环境因素等方面的差异作了适当的调整。

3. 审查投资估算的费用项目、费用数额的符实性

（1）审查费用项目与规定要求、实际情况是否相符，是否漏项或产生多项现象，估算的费用项目是否符合国家规定，是否针对具体情况作了适当的增减。

（2）审查"三废"处理所需投资是否进行了估算，其估算数额是否符合

实际。

（3）审查是否考虑了物价上涨和汇率变动对投资额的影响，考虑的波动变化幅度是否合适。

（4）审查是否考虑了采用新技术、新材料以及现行标准和规范比已运行项目的要求提高所需增加的投资额，考虑的额度是否合适。

三、建设项目财务评价

（一）建设项目国民经济评价与财务评价的关系

建设项目的经济评价是可行性研究的核心，经济评价又可以分为国民经济评价和财务评价两个层次。国民经济评价是从国家和全社会角度出发，采用影子价格、影子工资、影子汇率、社会折现率等经济参数，计算项目需要国家付出的代价和项目对实现国家经济发展的战略目标以及对社会效益的贡献大小，即从国民经济的角度判别建设项目经济效果的好坏，分析建设项目的国家盈利性，决策部门可根据项目国民经济评价结论，决定项目的取舍。对建设项目进行国民经济评价的目的，在于寻求用尽可能少的投资费用，取得能产生尽可能大的社会效益的最佳方案。

建设项目的财务评价是从企业或项目的角度出发，根据国家现行财政、税收制度和现行市场价格，计算项目的投资费用、产品成本、产品销售收入、税金等财务数据，进而考察项目在财务上的潜在获利能力，据此判断建设项目的财务可行性和财务可接受性，并得出财务评价的结论。投资者可根据项目财务评价结论，项目投资的财务经济效果和投资所承担的风险程度，决定项目是否应该投资建设。

建设项目的国民经济评价与财务评价是项目经济评价中两个不同的层次，但两者具有共同的特征：

1. 两者的评价目的相同。它们都要寻求以最小的投入获得最大的产出。

2. 两者的评价基础相同。它们都是在完成市场需求预测、工程技术方案、资金筹备的基础上进行评价。

3. 两者的计算期相同。它们都要通过计算包括项目的建设期、生产期全过程的费用效益来评价项目方案的优劣，从而得出项目方案是否可行的结论。

项目国民经济评价与财务评价作为经济评价中的两个层次，两者的区别表现在以下几个方面：

①评价的目的和角度不同

国民经济评价是以国家、全社会的整体角度考虑项目对国家的净贡献，即考察项目的国民经济效益，以确定投资行为的宏观可行性。它是以国民收入最大

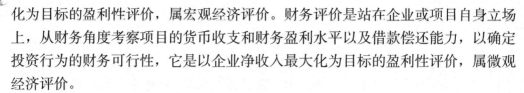

化为目标的盈利性评价，属宏观经济评价。财务评价是站在企业或项目自身立场上，从财务角度考察项目的货币收支和财务盈利水平以及借款偿还能力，以确定投资行为的财务可行性，它是以企业净收入最大化为目标的盈利性评价，属微观经济评价。

②收益与费用的划分范围不同

国民经济评价是根据项目所耗费的有用资源和项目对社会提供的有用产品和服务来考察项目的费用和收益，凡是增加国民收入的就是国民经济收益，凡是减少国民收入的就是国民经济费用，除了考虑项目的直接经济效果之外，还要考虑项目的间接效果，一般不考虑通货膨胀、税金、国内贷款利息和税金等转移支付。财务评价是根据项目的实际收支情况来确定项目的财务收益和费用，凡增加项目收入的就是财务收益，凡是减少企业收入的就是财务费用，一般要考虑通货膨胀、税金、利息。在计算项目的收益和费用时只考虑项目的直接效果。

③采用的价格和参数不同

财务评价对投入物和产出物采用现行的市场实际价格，而国民经济评价采用根据机会成本和供求关系确定的影子价格。财务评价采用因行业而异的基准收益率作为贴现率，而国民经济评价采用国家统一测定的社会贴现率（社会贴现率是一个国家参数，由国家有关部门制定）；财务评价采用官方汇率，而国民经济评价采用国家统一测定的影子汇率；财务评价采用当地通常的工资水平，而国民经济评价采用影子工资。

（二）建设项目财务评价的作用和内容

1. 建设项目财务评价的作用

项目的财务评价无论是对项目投资主体，还是对为项目建设和生产经营提供资金的其他机构或个人，均具有十分重要的作用。其主要作用表现在：

（1）为项目制定适宜的资金规划

确定项目实施所需资金的数额，根据资金的可能来源及资金的使用效益，安排恰当的用款计划及选择适宜的筹资方案，是财务评价要解决的问题。项目资金的提供者据此安排各自的出资计划，以保证项目所需资金能及时到位。

（2）考察项目的财务盈利能力

项目的财务盈利水平如何，能否达到国家规定的基准收益率，项目投资的主体能否取得预期的投资效益，项目的清偿能力如何，是否低于国家规定的投资回收期，项目债权人权益是否有保障等，是项目投资主体、债权人以及国家、地方各级决策部门、财政部门共同关心的问题。因此，一个项目是否值得兴建，首先要考察项目的财务盈利能力等各项经济指标，进行财务评价。

（3）为协调企业利益和国家利益提供依据

有些投资项目是国计民生所急需的，其国民经济评价结论好，但财务评价不可行。为了使这些项目具有财务生存能力，国家需要用经济手段予以调节。财务评价可以通过考察有关经济参数（如价格、税收、利率等）变动对分析结果的影响，寻找经济调节的方式和幅度，使企业利益和国家利益趋于一致。

2.项目财务评价的内容

判断一个项目财务上可行的主要标准是：项目盈利能力、债务清偿能力、外汇平衡能力及承受风险的能力。由此，为判别项目的财务可行性所进行的财务评价应该包括以下基本内容：

（1）识别财务收益和费用

识别财务收益和费用是项目财务评价的前提。收益和费用是针对特定目标而言的。收益是对目标的贡献；费用则是对目标的反贡献，是负收益。项目的财务目标是获取尽可能大的利润。因此，正确识别项目的财务收益和费用应以项目为界，以项目的直接收入和支出为目标。项目的财务效益主要表现为生产经营的产品销售（营业）收入；财务费用主要表现为建设项目投资、经营成本和税金等各项支出。此外，项目得到的各种补贴、项目寿命期末回收的固定资产余值和流动资金等，也是项目得到的收入，在财务评价中视作收益处理。

（2）收集、预测财务评价的基础数据

收集、预测的数据主要包括：预计产品销售量及各年度产量；预计的产品价格，包括近期价格和预计的价格变动幅度；固定资产、无形资产、递延资产和流动资金投资估算；成本及其构成估算。这些数据大部分是预测数，因此这一步骤又称为财务预测。财务预测的质量是决定财务分析成败和质量的关键。

（3）编制财务报表

为分析项目的盈利能力需编制的主要报表有：现金流量表、损益表及相应的辅助报表；为分析项目的清偿能力需编制的主要报表有：资产负债表、资金来源与运用表及相应的辅助报表；对于涉及外贸、外资及影响外汇流量的项目为考察项目的外汇平衡情况，尚需编制项目的财务外汇平衡表。

（4）财务评价指标的计算与评价

由上述财务报表，可对项目的盈利能力、清偿能力及外汇平衡等财务状况做出评价，判别项目的财务可行性。财务评价的盈利能力分析要计算财务内部收益率、净现值、投资回收期等主要评价指标，根据项目的特点及实际需要，也可计算投资利润率、投资利税率、资本金利润率等指标。清偿能力分析要计算资产负债率、借款偿还期、流动比率、速动比率等指标。

（三）建设项目财务评价的程序

建设项目的财务评价是在做好市场调查研究、预测、项目技术水平研究和设计方案以及具备一系列财务数据的基础上进行的，其基本程序如下：

1. 收集、整理和计算有关基础

财务数据资料，编制基础财务报表财务数据资料是进行项目财务评价的基本依据，所以在进行财务评价之前，必须先预测有关的财务数据。财务数据主要有：

①项目投入物和产出物的价格。它是一个重要的基础财务数据，在对项目进行财务评价时，必须科学地、合理地选用价格，而且应说明选用某价格水平的依据，列出价格选用依据表。

②根据项目建设期间分年度投资支出额和项目投资总额，编制投资估算表。

③根据项目资金来源方式、数额、利息率，编制资金筹措表。

④根据投资形成的资产估算值及财政部门规定的折旧额与摊销费计算办法，计算固定资产年折旧额、无形资产及递延资产年摊销费，编制折旧与摊销估算表。

⑤根据借款计划、还款办法及可供还款的资金来源编制债务偿还表。

⑥按成本构成分项估算各年预测值，并计算各年成本费用总额，编制成本费用估算表。

⑦根据预测的销售量和价格计算销售收入，按税务部门规定计算销售税金。编制销售收入、税金估算表。

2. 编制主要财务报表

财务评价所需主要财务报表一般有：财务现金流量表（包括全部投资及自有资金两种财务现金流量表）、损益表、资金来源与运用表、资产负债表，基础财务报表与主要财务报表之间的关系。

3. 财务评价结论

运用财务报表的数据计算项目的各项财务评价指标值，并进行财务可行性分析，得出项目财务评价结论。

第二节　设计阶段工程造价管理

一、设计经济合理性提高的途径

（一）执行设计标准

设计标准是国家经济建设的重要技术规范，是进行工程建设勘察、设计、施工及验收的重要依据。各类建设的设计部门制定与执行相应的不同层次的设计标准规范，对于提高工程设计阶段的造价控制水平是十分必要的。

1.设计标准的作用

（1）对建设工程规模、内容、建造标准进行控制；

（2）保证工程的安全性和预期的使用功能；

（3）提供设计所必需的指标、定额、计算方法和构造措施；

（4）为控制工程造价提供方法和依据；

（5）减少设计工作量、提高设计效率；

（6）促进建筑工业化、装配化，加快建设速度。

2.设计标准化的要求

正确地理解和运用设计标准是做好设计阶段造价控制工作的前提，其基本要求如下：

（1）充分了解工程设计项目的使用对象、规模功能要求，选择相应的设计标准规范作为依据，合理地确定项目等级和面积分配、功能分类以及材料、设备、装修标准和单位面积造价的控制指标；

（2）根据建设地点的自然、地质、地理、物资供应等条件和使用功能，制定合理的设计方案，明确方案应遵循的标准规范；

（3）施工图设计前应检查是否符合标准规范的规定；

（4）当各层次标准出现矛盾时，应以上级标准或管理部门的相关标准为准。在使用功能方面应遵守上限标准（不超标）；在安全、卫生等方面应注意下线标准（不降低要求）；

（5）当遇到特殊情况难以执行标准规范时，特别是涉及安全、卫生防火、环保等问题时，应取得当地有关管理部门的批准或认可。

（二）推行标准设计

工程标准设计通常指在工程设计中，可在一定范围内通用的标准图、通用图和复用图，一般统称为标准图。在工程设计中采用标准设计可促进工业化水平、加快工程进度、节约材料、降低建设投资。据统计，采用标准设计一般可加快设计进度 1~2 倍，节约建设投资 10% ～ 15%。

1.标准设计的特点

（1）以图形表示为主，对操作要求和使用方法作文字说明；

（2）具有设计、施工、经济标准各项要求的综合性；

（3）设计人员选用后可直接用于工程建设，具有产品标准的作用；

（4）对地域、环境的适应性要求强，地方性标准较多；

（5）除特殊情况可做少量修改外，一般情况下设计人员不得自行修改标准设计。

2. 标准设计的分类

（1）国家标准设计指在全国范围内需要统一的标准设计；

（2）部级标准设计指在全国各行业范围内需要统一的标准设计，应由主编单位提出并报告主管部门审批颁发；

（3）省、市、自治区标准设计指在本地区范围内需要统一的标准设计，由主编单位提出并报省、市、自治区主管基建的综合部门审批颁发；

（4）设计单位自行制定的标准设计是指在本单位范围内需要统一的标准设计，是在本单位内部使用的设计技术原则、设计技术规定，由设计单位批准执行，并报上一级主管部门备案。

3. 标准设计一般要求

标准设计覆盖范围很广，重复建造的建筑类型及生产能力相同的企业、单独的房屋构筑物均应采用标准设计或通用设计。在设计阶段造价控制工作中，对不同用途和要求的建筑物，应按统一的建筑模数、建筑标准、设计规范技术规定等进行设计。若房屋或构筑物整体不便定型化时，应将其中重复出现的建筑单元、房间和主要的结构节点构造，在构配件标准化的基础上定型化。建筑物和构筑物的柱网、层高及其他构件参数尺寸应力求统一化，在基本满足使用要求和修建条件的情况下，尽可能具有通用互换性。

4. 推广标准设计的意义

（1）加快提供设计图纸的速度、缩短设计周期、节约设计费用；

（2）可使工艺定型、易提高工人技术水平、易使生产均衡、提高劳动生产率和节约材料，有益于较大幅度地降低建设投资；

（3）可加快施工准备和定制预制构件等项工作，并能使施工速度大大加快，既有利于保证工程质量，又降低了建筑安装工程费用；

（4）按通用性条件编制、按规定程序审批，可供大量重复使用，做到既经济又优质；

（5）贯彻执行国家的技术经济政策，密切结合自然条件和技术发展水平，合理利用资源和材料设备，考虑施工、生产、使用和维修的要求，便于工业化生产。

（三）推行限额设计

1. 限额设计的含义

限额设计就是按批准的投资估算控制初步设计，按批准的初步设计总概算控制施工图设计，即将上阶段设计审定的投资额和工程量先行分解到各专业，然后再分解到各单位工程和分部工程。各专业在保证使用功能的前提下，按分配的投资限额控制设计，严格控制技术设计和施工图设计的不合理变更，以保证总投资限额不被突破。

2. 限额设计的目标设置

先将上一阶段审定的投资额作为下一设计阶段投资控制的总体目标，再将该项总体限额目标层层分解后确定各专业、各工程或各分部分项工程的分项目标。该项工作中，提高投资估算的合理性与准确性是进行限额设计目标设置的关键环节，特别是各专业和各单位工程或分部分项工程如何合理划分、分解到的限额数量的多少、设计指标制定的高低等都将约束项目投资目标的实现，都将对项目的建造标准、使用功能、工程质量等方面产生影响。

限额设计体现了设计标准、规模、原则的合理确定和有关概算基础资料的合理确定，是衡量勘察设计工作质量的综合标志，应将之作为提高设计质量工作的管理目标。最终实现设计阶段造价（投资）控制的目标，必须对设计工作的各个环节进行多层次的控制与管理，同时实现对设计规模、设计标准、工程量与概算指标等各个方面的多维控制。

3. 限额设计控制工作的主要内容

限额设计贯穿项目可行性研究、初步勘察、初步设计、详细勘察、技术设计、施工图设计各个阶段，并且在每一个阶段中贯穿于各个专业的每一道工序。在每个专业、每项设计中都应将限额设计作为重点工作内容，明确限额目标，实行工序管理。各专业限额设计的实现是限额目标得以实现的重要保证。限额设计控制工作包括如下内容：

（1）重视初步设计的方案选择

初步设计应为多方案比较选择的结果，是项目投资估算的进一步具体化。在初步设计开始时，项目总设计师应将可行性研究报告的设计原则、建设方案和各项控制经济指标向设计人员交底，对关键设备、工艺流程、总图方案、主要建筑和各项费用指标要提出技术经济比选方案，要研究实现可行性研究报告中投资限额的可能性。特别要注意对投资有较大影响的因素并将任务与规定的投资限额分专业下达到设计人员，促使设计人员进行多方案比选。如果发现重大设计方案或某项设计指标超出批准可行性研究报告中的投资限额，应及时反映并提出解决的方法。不应该等到概算编出后发现超投资再压低投资、减项目、减设备，以致影响设计进度，造成设计上的不合理，给施工图设计埋下超出限额的隐患。

在初步设计限额设计中，各专业设计人员应强化控制建设投资意识，在拟定设计原则、技术方案和选择设备材料过程中应先掌握工程的参考造价和工程量，严格按照限额设计所分解的投资额和控制工程量进行设计，并以单位工程为考核单元，事先做好专业内部平衡调整，提出节约投资的措施，力求将造价和工程量控制在限额范围之内。

（2）控制施工图预算

施工图设计是指导工程建设的主要文件，是设计单位的最终产品。限额设计控制就是将施工图预算严格控制在批准的设计概算范围内并有所节约。施工图设计必须严格按照批准的初步设计确定的原则、范围、内容、项目和投资额进行。施工图阶段限额设计的重点应放在初步设计工程量控制方面，控制工程量一经审定，即作为施工图设计工程量的最高限额，不得突破。

当初步设计受外界条件的限制时，如地质报告、工程地质、设备、材料的供应、协作条件、物质采购供应价格变化以及人们的主观认识的局部修改、变更，可能引起已经确认的概算价值的变化，这种正常的变化在一定范围内允许，但必须经过核算与调整。当建设规模、产品方案、工艺方案、工艺流程或设计方案发生重大变更时，原初步设计已失去指导施工图设计的意义，此时必须重新编制或修改初步文件，另行编制修改初步设计的概算报原审批单位审批。

（3）加强设计变更管理

除非不得不进行设计变更，否则任何人员无权擅自更改设计。如果能预料到设计将要发生变更，则设计变更发生越早越好。若在设计阶段变更，只需修改图纸，其他费用尚未发生，若在建设期间发生变更，除花费上述费用外，已建工程还可能将被拆除，势必造成重大变更损失。

为了做好限额设计控制工作，应建立相应的设计管理制度，尽可能地将设计变更控制在设计阶段，对影响工程造价的重大设计变更，需进行由多方人员参加的技术经济论证，获得有关管理部门批准后方可进行，使建设成本得到有效控制。

（四）设计方案优选

设计方案选择就是通过对工程设计方案的经济分析，从若干设计方案中选出最佳方案的过程。由于设计方案的经济效果不仅取决于技术条件，而且还受不同地区的自然条件和社会条件的影响，设计方案选择时，需要综合考虑各方面因素，对方案进行全方位的技术经济分析与比较，也需要结合当时当地的实际条件，选择功能完善、技术先进、经济合理的设计方案。其中，设计方案选择最常用的方法是比较分析方法。

二、价值工程

（一）价值工程原理

1. 价值工程的含义

价值工程是通过各相关领域的协作，对所研究对象的功能与成本进行系统分析，不断创新，旨在提高所研究对象价值的思想方法和管理技术。这里"价值"

定义可以用如下公式表示：

$$V = \frac{F}{C}$$

式中：V 为价值（Value）、F 为功能（Function）、C 为成本或费用（Cost）。

价值工程的定义包括以下几方面的含义：

（1）价值工程的性质属于一种"思想方法和管理技术"。

（2）价值工程的核心内容是对"功能与成本进行系统分析"和"不断创新"。

（3）价值工程的目的旨在提高产品的"价值"。若把价值的定义结合起来，便应理解为旨在提高功能对成本的比值。

（4）价值工程通常是由多个领域协作而开展的活动。

2. 价值工程的特点

（1）以使用者的功能需求为出发点

价值工程出发点的选择应满足使用者对功能的需求。

（2）研究对象进行功能分析并系统研究功能与成本之间的关系价值工程对功能进行分析的技术内容特别丰富，既要辨别必要功能和不必要功能、过剩功能和不足功能，又要计算出不同方案的功能量化值；还要考虑功能与其载体的有分有合问题。通过功能与成本进行比较，形成比较价值的概念和量值。由于功能与成本关系的复杂性，必须用系统的观点和方法对其进行深入研究。

（3）致力于提高价值的创造性活动

提高功能与成本的比值是一项创造性活动，要求技术创新。提高功能或降低成本，都必须创造出新的功能载体或者创造新的载体加工制造的方法。

（4）有组织、有计划、有步骤地开展工作

开展价值工程活动的过程涉及各个部门的各方面人员。在他们之间，要沟通思想、交换意见、统一认识、协调行动，要步调一致地开展工作。

3. 价值工程的一般工作程序

开展价值工程活动一般分为 4 个阶段、12 个步骤，如表 2-1 所示。

表 2-1 价值工程的一般工作程序

阶段	步骤	应回答的问题
准备阶段	1. 对象选择 2. 组成价值工程小组 3. 制定工作计划	VE 的对象是什么？
分析阶段	4. 搜集整理信息资料 5. 功能系统分析 6. 功能评价	该对象的用途是什么？成本和价值是多少？
创新阶段	7. 方案创新 8. 方案评价 9. 提案编写	是否有替代方案？新方案的成本是多少？能否满足要求？
实施阶段	10. 审批 11. 实施与检查 12. 成果鉴定	

（二）价值工程主要工作内容

1. 对象选择

（1）对象选择的一般原则

选择价值工程对象时一般应遵循以下两条原则：一是优先考虑企业生产经营上迫切要求改进的主要产品，或是对国计民生有重大影响的项目；二是对企业经济效益影响大的产品（或项目）。其具体包括以下几个方面：

①设计方面：选择结构复杂、体大量重、技术性能差、能源消耗高、原材料消耗大或是稀有的、贵重的、奇缺的产品；

②施工生产方面：选择产量大、工序繁琐、工艺复杂、工艺落后、返修率高、废品率高、质量难以保证的产品；

③销售方面：选择用户意见大、退货索赔多、竞争力差、销售量下降或市场占有率低的产品；

④成本方面：选择成本高、利润低的产品或在成本构成中比重大的产品。

（2）对象选择的方法

对象选择的方法有很多，每种方法有各自的优点和适应性。

①经验分析法。该方法也称为因素分析法，是一种定性分析的方法，即凭借开展价值工程活动人员的经验和智慧，根据对象选择应考虑的因素，通过定性分析来选择对象的方法。其优点是能综合、全面地考虑问题且简便易行，不需要特殊训练，特别是在时间紧迫或信息资料不充分的情况下，利用此法较为方便。其缺点是缺乏定量依据，分析质量受工作人员的工作态度和知识经验水平的影响较大。若本方法与其他定量方法相结合使用往往能取得较好效果。

②百分比法。百分比即按某种费用或资源在不同项目中所占的比重大小来选择价值工程对象的方法。

③ABC分析法。运用数理统计分析原理，按局部成本在总成本中比重的大小选择价值工程对象。一般来说，企业产品的成本往往集中在少数关键部件上。在选择对象产品或部件时，为便于抓住重点，把产品（或部件）种类按成本大小顺序划分为A、B、C三类。

ABC分析法的优点在于简单易行，能抓住成本中的主要矛盾，但企业在生产多品种、各品种之间不一定表现出均匀分布规律时应采用其他方法。该方法的缺点是有时部件虽属C类，但功能却较重要，有时因成本在部件或要素项目之间分配不合理，则会发生遗漏或顺序推后而未被选上。这种情况可通过结合运用其他分析方法来避免。

④强制确定法。该方法在选择价值工程对象、功能评价和方案评价中都可以使用。在对象选择中，通过对每个部件与其他各部件的功能重要程度进行逐一对

比打分，相对重要的得 1 分，不重要的得 0 分，即 01 法。以各部件功能得分占总分的比例确定功能评价系数，根据功能评价系数和成本系数确定价值系数。

部件功能系数 F_i = 某部件的功能得分值 / 全部部件功能得分值

部件成本系数 C = 该部件目前成本 / 全部部件成本

部件价值系数 V_i = 部件功能评价系数 / 部件成本系数

当 $V_i < 1$ 时，部件 i 作为 VE 对象；当 $V_i = 1$ 时不作为 VE 对象；当 $V_i > 1$ 时视情况而定。

2. 信息资料的搜集

明确搜集资料的目的，确定资料的内容和调查范围，有针对性地搜集信息。搜集信息资料的首要目的就是要了解活动的对象，明确价值工程对象的范围，信息资料有利于帮助价值工程人员统一认识、确保功能、降低物耗。只有在以充分的信息作为依据的基础上，才能创造性地运用各种有效手段，正确地进行对象选择、功能分析和创新方案。不同价值工程对象所需搜集的信息资料内容不尽相同。一般包括市场信息、用户信息、竞争对手信息、设计技术方面的信息、制造及外协方面的信息、经济方面的信息、本企业的基本情况、国家和社会方面的情况等。搜集信息资料是一项周密而系统的调查研究活动，应有计划、有组织、有目的地进行。

搜集信息资料的方法通常有：①面谈法。通过直接交谈搜集信息资料；②观察法。通过直接观察 VE 对象搜集信息资料；③书面调查法。将所需资料以问答形式预先归纳为若干问题然后通过资料问卷的回答来取得信息资料。

3. 功能系统分析

功能系统分析是价值工程活动的中心环节，具有明确用户的功能要求、转向对功能的研究、可靠实现必要的功能三个方面的作用。功能系统分析中的功能定义、功能整理、功能计量紧密衔接，有机地结合为一体运行。

4. 功能评价

功能评价包括研究对象的价值评价和成本评价两个方面的内容。价值评价着重计算、分析、研究对象的成本与功能间的关系是否协调、平衡，评价功能价值的高低，评定需要改进的具体对象。功能价值的一般计算公式与对象选择的价值的基本计算公式相同，所不同的是功能价值计算所用的成本按功能统计，而不是按部件统计。

$$V_i = \frac{F_i}{C_i}$$

式中：

F_i 对象的功能评价值（元）；

C_i——对象i功能目前成本（元）；

V_i——对象的价值（系数）。

成本评价是计算对象的目前成本和目标成本，分析、测算成本降低期望值，排列改进对象的优先顺序。成本评价的计算公式如下：

$$\Delta C = C - C'$$

式中：C'—对象的目标成本（元）；C—对象的目前成本（元）；AC—成本降低期望值（元）。

5. 方案创新的技术方法

方案创新的方法很多，都强调发挥人的聪明才智，积极地进行思考，设想出技术经济效果更好的新方案。下面为常用的两种方法：

（1）头脑风暴法

头脑风暴法指无拘无束、自由奔放地思考问题的方法。其具体步骤如下：

①组织对本问题有经验的专家召开会议；

②会议鼓励对本问题自由鸣放，相互不指责批判；

③提出大量方案；

④结合他人意见提出设想。

（2）哥顿法

哥顿法是会议主持人将拟解决的问题抽象后抛出，与会人员共同讨论并充分发表看法，在适当时机会议主持人再将原问题抛出继续讨论的方法。

6. 方案评价与提案编写

方案评价就是从众多的备选方案中选出价值最高的可行方案。方案评价可分为概略评价和详细评价，两者都包括技术评价、经济评价和社会评价等方面的内容。将这三个方面联系起来进行权衡则称为综合评价。技术评价是对方案功能的必要性及必要程度和实施的可能性进行分析评价；经济评价是对方案实施的经济效果进行分析评价；社会评价是方案为国家和社会带来影响和后果的分析评价。综合评价又称价值评价，是根据以上三个方面的评价内容，对方案价值大小所做的综合评价。

为争取决策部门的理解和支持，使提案获得批准，要有侧重地撰写出具有充分说服力的提案书（表）。提案编写应扼要阐明提案内容，如改善对象的名称及现状、改善的原因及效果、改善后方案将达到的功能水平与成本水平、功能的满足程度、试验途径和办法以及必要的测试数据等。提案应具有说服力，使决策者理解并采纳提案。

三、设计概算的编制与审查

（一）设计概算的内容和作用

1. 设计概算的内容

设计概算是在初步设计或扩大设计阶段，由设计单位按照设计要求概略地计算拟建工程从立项开始到交付使用为止全过程所发生的建设费用的文件，是设计文件的重要组成部分。在报请审批初步设计或扩大初步设计时，作为完整的技术文件必须附有相应的设计概算。

设计概算分为单位工程概算、单项工程综合概算、建设工程总概算三级。单位工程综合概算分为各单位建筑工程概算和设备及安装工程概算两大类，是确定单项工程中各单位工程建设费用的文件，是编制单项工程综合概算的依据，其中，建筑工程概算分为一般土建工程概算、给排水工程概算、采暖工程概算，通风工程概算分为机械设备及安装工程概算、电器设备及安装工程概算。

单项工程综合概算是确定一个单项工程所需建设费用的文件，是根据单项工程内各专业单位工程概算汇总编制而成的。

建设工程总概算是确定整个建设工程从立项到竣工验收全过程所需要费用的文件。它由各单项工程综合概算以及工程建设其他费用和预备费用概算等汇总编制而成。

2. 设计概算的作用

（1）国家确定和控制基本建设投资、编制基本建设计划的依据

初步设计及总概算按规定程序报请有关部门批准后即为建设工程总投资的最高限额，不得任意突破，如果确实需要突破时需报原审批部门批准。

（2）设计方案经济评价与选择的依据

设计人员根据设计概算进行设计方案技术经济分析、多方案评价并优选方案，以提高工程项目设计质量和经济效果。同时，设计概算为下阶段施工图设计确定了投资控制的目标。

（3）实行建设工程投资包干的依据

在进行概算包干时，单项工程综合概算及建设工程总概算是投资包干指标商定和确定的基础，尤其是经上级主管部门批准的设计概算和修正概算，是主管单位和包干单位签订包干合同、控制包干数额的依据。

（4）基本建设核算、"三算"对比、考核建设工程成本和投资效果的依据

设计概算是建设单位进行项目核算、建设工程"三算"对比、考核项目成本和投资经济效果的重要依据。

（二）设计概算的编制方法

设计概算是从最基本的单位工程概算编制开始逐级汇总而成。

1.设计概算的编制依据和编制原则

（1）设计概算的编制依据

设计概算的编制依据是：①经批准的有关文件、上级有关文件、指标；②工程地质勘测资料；③经批准的设计文件；④水、电和原材料供应情况；⑤交通运输情况及运输价格；⑥地区工资标准、已批准的材料预算价格及机械台班价格；⑦国家或省市颁发的概算定额或概算指标、建筑安装工程间接费定额、其他有关取费标准；⑧国家或省市规定的其他工程费用指标、机电设备价目表；⑨类似工程概算及技术经济指标。

（2）设计概算的编制原则

编制设计概算应掌握如下原则：①应深入进行调查研究；②结合实际情况合理确定工程费用；③抓住重点环节、严格控制工程概算造价；④应全面地、完整地反映设计内容；⑤严格执行国家的建设方针和经济政策。

2.单位工程概算的主要编制方法

（1）建筑工程概算的编制方法

编制建筑单位工程概算的方法一般有扩大单价法、概算指标法两种，可根据编制条件、依据和要求的不同适当选取。

（2）设备及安装工程概算的编制

设备及安装工程分为机械设备及安装工程和电气设备及安装工程两部分。设备及安装工程的概算由设备购置费和安装工程费两部分组成。

3.单项工程综合概算的编制

综合概算是以单项工程为编制对象，确定建成后可独立发挥作用的建筑物所需全部建设费用的文件，由该单项工程内各单位工程概算书汇总而成。

综合概算书是工程项目总概算书的组成部分，是编制总概算书的基础文件，一般由编制说明和综合概算表两个部分组成。

（三）设计概算的审查

1.设计概算审查的意义

（1）有利于合理分配投资资金、加强投资计划管理。设计概算偏高或偏低，都会影响投资计划的真实性，从而影响投资资金的合理分配。进行设计概算审查是遵循客观经济规律的需要，通过审查可以提高投资的准确性与合理性。

（2）有助于概算编制人员严格执行国家有关概算的编制规定和费用标准，提高概算的编制质量。

（3）有助于促进设计的技术先进性与经济合理性的统一。概算中的技术经济指标是概算水平的综合反映，合理、准确的设计概算是技术经济协调统一的具体体现。

（4）合理、准确的设计概算可使下阶段投资控制目标更加科学合理，堵塞了投资缺口或突破投资的漏洞，缩小了概算与预算之间的差距，可提高项目投资的经济效益。

2. 审查的主要内容

（1）审查设计概算的编制依据

①合法性审查。采用的各种编制依据必须经过国家或授权机关的批准，符合国家的编制规定。未经过批准的不得以任何借口采用，不得以特殊理由擅自提高费用标准。②时效性审查。对定额、指标、价格、取费标准等各种依据，都应根据国家有关部门的现行规定执行。对颁发时间较长、已不能全部适用的应按有关部门作的调整系数执行。③适用范围审查。各主管部门、各地区规定的各种定额及其取费标准均有其各自的适用范围，特别是各地区的材料预算价格区域性差别较大，在审查时应予以高度重视。

（2）单位工程设计概算构成的审查

①建筑工程概算的审查

工程量审查。根据初步设计图纸、概算定额、工程量计算规则的要求进行审查。

采用的定额或缺项指标的审查。审查定额或指标的使用范围、定额基价、指标的调整、定额或缺项指标的补充等。其中，在审查补充的定额或指标时，其项目划分、内容组成、编制原则等须与现行定额水平一致。

材料预算价格的审查。以耗用量最大的主要材料作为审查的重点，同时着重审查材料原价、运输费用及节约材料运输费用的措施。

各项费用的审查。审查各项费用所包含的具体内容是否重复计算或遗漏、取费标准是否符合国家有关部门或地方的规定。

②设备及安装工程概算的审查

设备及安装工程概算审查的重点是设备清单与安装费用的计算。

非标准设备原价，应根据设备所被管辖的范围，审查各级规定的统一价格标准。

标准设备原价，除审查价格的估算依据、估算方法外还要分析研究非标准设备估价准确度的有关因素及价格变动规律。

设备运杂费审查，需注意：设备运杂费率应按主管部门或省、自治区、直辖市规定的标准执行；若设备价格中已包括包装费和供销部门手续费时不应重复计算，应相应降低设备运杂费率。

进口设备费用的审查，应根据设备费用各组成部分及国家设备进口、外汇管理、海关、税务等有关部门不同时期的规定进行。

设备安装工程概算的审查，除编制方法、编制依据外，还应注意审查：采用预算单价或扩大综合单价计算安装费时的各种单价是否合适、工程量计算是否符合规则要求、是否准确无误；当采用概算指标计算安装费时采用的概算指标是否合理、计算结果是否达到规定的要求；审查所需计算安装费的设备及种类是否符合设计要求，避免某些不需安装的设备安装费计入在内。

（3）综合概算和总概算的审查

①审查概算的编制是否符合国家经济建设方针和政策的要求，根据当地自然条件、施工条件和影响造价的各种因素，实事求是地确定项目总投资。

②审查概算文件的组成。概算文件反映的内容是否完整、工程项目确定是否满足设计要求、设计文件内的项目是否遗漏、设计文件外的项目是否列入；建设规模、建筑结构、建筑面积、建筑标准、总投资是否符合设计文件的要求；非生产性建设工程是否符合规定的要求、结构和材料的选择是否进行了技术经济比较、是否超标等。

③审查总图设计和工艺流程。总图设计是否符合生产和工艺要求、场区运输和仓库布置是否优化或进行方案比较、分期建设的工程项目是否统筹考虑、总图占地面积是否符合"规划指标"和节约用地要求。工程项目是否按生产要求和工艺流程合理安排、主要车间生产工艺是否合理。

④审查经济概算是设计的经济反映，除对投资进行全面审查外，还要审查建设周期、原材料来源、生产条件、产品销路、资金回收和盈利等社会效益因素。

⑤审查项目的环保。设计项目必须满足环境改善及污染整治的要求，对未作安排或漏列的项目，应按国家规定要求列入项目内容并计入总投资。

⑥审查其他具体项目。审查各项技术经济指标是否经济合理；审查建筑工程费用；审查设备和安装工程费；审查各项其他费用，特别注意要落实以下几项费用：土地补偿和安置补助费，按规定列明的临时工程设施费用，施工机构迁移费和大型机器进退场费。

3. 审查的方式

设计概算审查一般采用集中会审的方式进行。由会审单位分头审查，然后集中研究共同定案；或组织有关部门成立专门审查班子，根据审查人员的业务专长分组，再将概算费用进行分解，分别审查，最后集中讨论定案。

设计概算审查是一项复杂而细致的技术经济工作，审查人员既要懂得有关专业技术知识，又要具有熟练编制概算的能力，一般情况下可按如下步骤进行：

（1）概算审查的准备

概算审查的准备工作包括了解设计概算的内容组成、编制依据和方法；了解建设规模、设计能力和工艺流程；熟悉设计图纸和说明书；掌握概算费用的构成和有关技术经济指标；明确概算各种表格的内涵；搜集概算定额、概算指标、取费标准等有关规定的文件资料。

（2）进行概算审查

根据审查的主要内容，分别对设计概算的编制依据、单位工程设计概算、综合概算、总概算进行逐级审查。

（3）进行技术经济对比分析

利用规定的概算定额或指标以及有关的技术经济指标与设计概算进行分析对比，根据设计和概算列明的工程性质、结构类型、建设条件、费用构成、投资比例、占地面积、生产规模、建筑面积、设备数量、造价指标、劳动定员等与国内外同类型工程规模进行对比分析，找出与同类型项目的主要差距。

（4）调查研究

对概算审查中出现的问题进行对比分析，在找出差距的基础上深入现场进行实际调查研究。了解设计是否经济合理、概算编制依据是否符合现行规定和施工现场实际、有无扩大规模、多估投资或预留缺口等情况，并及时核实概算投资。对于当地没有同类型的项目而不能进行对比分析时，可向国内同类型企业进行调查，搜集资料，作为审查时的参考。

经过会审决定的定案问题应及时调整概算，并经原批准单位下发文件。

（5）积累资料

对审查过程中发现的问题要逐一理清，对建成项目的实际成本和有关数据资料等进行搜集并整理成册，为今后审查同类工程概算和国家修订概算定额提供依据。

第三节　发承包阶段工程造价管理

一、概述

建设工程发承包既是完善市场经济体制的重要举措，也是维护工程建设市场竞争秩序的有效途径。建设工程分为直接发包与招标发包，但不论采用哪种方式，一旦确定了发承包关系，则发包人与承包人均应本着公平、公正、诚实、信用的原则通过签订合同来明确双方的权利和义务，而实现项目预期建设目标的核心内容是合同价款的约定。

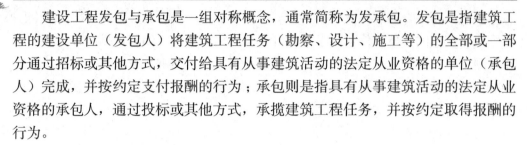

　　建设工程发包与承包是一组对称概念，通常简称为发承包。发包是指建筑工程的建设单位（发包人）将建筑工程任务（勘察、设计、施工等）的全部或一部分通过招标或其他方式，交付给具有从事建筑活动的法定从业资格的单位（承包人）完成，并按约定支付报酬的行为；承包则是指具有从事建筑活动的法定从业资格的承包人，通过投标或其他方式，承揽建筑工程任务，并按约定取得报酬的行为。

　　（一）建设工程招投标的概念

　　1.建设工程招标的概念

　　建设工程招标是指招标人（或招标单位）在发包建设项目之前，以公告或邀请书的方式提出招标项目的有关要求，公布的招标条件，投标人（或投标单位），根据招标人的意图和要求提出报价，择日当场开标，以便从中择优选定中标人的一种经济活动。

　　2.建设工程投标的概念

　　建设工程投标是工程招标的对称概念，指具有合法资格和能力的投标人（或投标单位）根据招标条件，经过初步研究和估算，在指定期限内填写标书，根据实际情况提出自己的报价，通过竞争企图为招标人选中，并等待开标，决定能否中标的经济活动。

　　3.招标投标的性质

　　我国法学界一般认为，建设工程招标是要约邀请，而投标是要约，中标通知书是承诺。《中华人民共和国合同法》也明确规定，招标公告是要约邀请。也就是说，招标实际上是邀请投标人对招标人提出要约（即报价），属于要约邀请。投标则是要约，它符合要约的所有条件，如具有缔结合同的主观目的；一旦中标，投标人将受投标书的约束；投标书的内容具有足以使合同成立的主要条件等。招标人向中标的投标人发出的中标通知书，则是招标人同意接受中标的投标人的投标条件，即同意接受该投标人的要约的意思表示，应属于承诺。

　　（二）建设工程招投标的分类

　　建设工程招投标可分为建设项目总承包招投标、建设工程勘察设计招投标、建设工程施工招投标、建设工程监理招投标和建设工程材料设备招投标等。

　　1.建设项目总承包招投标

　　建设项目总承包招投标又称建设项目全过程招投标，在国外也称之为"交钥匙"工程招投标，它是指在项目决策阶段从项目建议书开始，包括可行性研究、勘察设计、设备材料询价与采购、工程施工、生产准备，直至竣工投产、交付使用全面实行招标。

工程总承包企业根据建设单位所提出的工程要求，对项目建议书、可行性研究、勘察设计、设备询价与选购、材料订货、工程施工、职工培训、试生产、竣工投产等实行全面投标报价。

2. 建设工程勘察设计招投标

建设工程勘察设计招投标是指招标人就拟建工程的勘察和设计任务发布通告，以法定方式吸引勘察单位或设计单位参加竞争，经招标人审查获得投标资格的勘察、设计单位按照招标文件的要求，在规定时间内向招标人填报投标书，招标人从中择优确定中标人完成勘察和设计任务。

3. 建设工程施工招投标

建设工程施工招投标是指招标人就拟建的工程发布公告，以法定方式吸引建筑施工企业参加竞争，招标人从中选择条件优越者完成建设任务。施工招标分为全部工程招标、单项工程招标和专业工程招标。

4. 建设工程监理招投标

建设工程监理招投标是指招标人就拟建工程的监理任务发布通告，以法定方式吸引工程监理单位参加竞争，招标人从中选择优越者完成监理任务。

监理招标的标的是"监理服务"，这与工程建设中其他各类招标的最大区别表现为监理单位不承担物质生产任务，只是受招标人委托对生产建设过程提供监督、管理、协调、咨询等服务。鉴于标的的特殊性，招标人选择中标人的基本原则是"基于能力的选择"。

5. 建设工程材料设备招投标

建设工程材料设备招投标是指招标人就拟购买的材料设备发布通告或邀请，以法定方式吸引材料设备供应商参加竞争，招标人从中选择优越者的法律行为。是针对设备、材料供应及设备安装调试等工作进行的招投标。

（三）建设工程招投标的范围与方式

1. 建设工程招投标的范围

根据《中华人民共和国招标投标法》规定：凡在中华人民共和国境内进行下列工程建设项目，包括项目的勘察、设计、施工、监理以及与工程建设有关的重要设备、材料等的采购，必须进行招标。

（1）大型基础设施、公用事业等关系社会公共利益、公共安全的项目。

（2）全部或者部分使用国有资金投资或者国家融资的项目。

（3）使用国际组织或者外国政府贷款、援助资金的项目。

以上规定范围内的各类工程建设项目，包括项目的勘察、设计、施工、监理以及与工程有关的重要设备、材料等的采购，达到下列标准之一的，必须进行招标：

①施工单项合同估算价在 200 万元人民币以上的。

②重要设备、材料等货物的采购，单项合同估算价在 100 万元人民币以上的。

③勘察、设计、监理等服务的采购，单项合同估算价在 50 万元人民币以上的。

④单项合同估算价低于第①②③项规定的标准，但项目总投资额在 3000 万元人民币以上的。

2. 可以不进行招标的范围

按照有关规定，属于下列情形之一的，可以不进行招标，采用直接委托的方式发包建设任务：

（1）涉及国家安全、国家秘密或抢险救灾而不适宜招标的。

（2）属于利用扶贫资金实行以工代赈、需要使用农民工的。

（3）施工主要技术采用特定的专利或者专有技术的。

（4）建设项目的勘察、设计采用特定专利或者专有技术的。

（5）建筑艺术造型有特殊要求的。

（6）施工企业自建自用的工程，且该施工企业资质等级符合工程要求的。

（7）在建工程追加的附属小型工程或者主体加层工程，原中标人仍具备承包能力的。

（8）法律、行政法规规定的其他情形。

3. 建设工程招投标的方式

《中华人民共和国招标投标法》规定：招标分为公开招标和邀请招标。

（1）公开招标

公开招标又称为无限竞争招标，是由招标单位通过指定的报刊、信息网络或其他媒体上发布招标公告，有意的承包商均可参加资格审查，合格的承包商可购买招标文件，参加投标的招标方式。

公开招标的优点是：投标的承包商多、范围广、竞争激烈，业主有较大的选择余地，有利于降低工程造价，提高工程质量和缩短工期。缺点是：由于投标的承包商多，招标工作量大，组织工作复杂，需投入较多的人力、物力，招标过程所需时间较长。

（2）邀请招标

邀请招标又称为有限竞争性招标。这种方式不发布广告，业主根据自己的经验和所掌握的信息资料，向有承担该项工程施工能力的 3 个以上（含 3 个）承包商发出招标邀请书，收到邀请书的单位才有资格参加投标。

邀请招标的优点是：经过选择的投标单位在施工经验、技术力量、经济和信誉上都比较可靠，因而一般能保证进度和质量要求。此外，参加投标的承包商数量少，招标时间相对缩短，招标费用也较少。缺点是：由于参加的投标单位较少，竞争性较差，使招标单位对投标单位的选择余地较少，如果招标单位在选择邀请单位前所掌握的信息资料不足，则会失去发现最适合承担该项目的承包商的机会。

（3）公开招标与邀请招标在招标程序上的主要区别包括：

①招标信息的发布方式不同。公开招标是利用招标公告发布招标信息，而邀请招标则是采用向三家以上具有实施能力的投标人发出投标邀请书，请他们参与投标竞争。

②对投标人资格预审的时间不同。进行公开招标时，由于投标响应者较多，为了保证投标人具备相应的实施能力，以及缩短评标时间，突出投标的竞争性，通常设置资格预审程序。而邀请招标由于竞争范围小，且招标人对邀请对象的能力有所了解，不需要再进行资格预审，但评标阶段还要对各投标人的资格和能力进行审查和比较，通常称为"资格后审"。

③邀请的对象不同。邀请招标邀请的是特定的法人或者其他组织，而公开招标则是向不特定的法人或者其他组织邀请投标。

（四）建设工程招投标对工程造价的重要影响

建设工程招投标制是我国建筑市场走向规范化、完善化的重要举措之一。建设工程招投标制的推行，使计划经济条件下建设任务的发包从以计划分配为主转变到以投标竞争为主，使我国承发包方式发生了质的变化。推行建设工程招投标制，对降低工程造价，进而使工程造价得到合理的控制具有非常重要的影响。

1. 推行招投标致使市场定价的价格机制基本形成，使工程价格更加趋于合理

在建设市场推行招标投标制最直接、最集中的表现就是在价格上的竞争。通过竞争确定出工程价格，使其趋于合理或下降，这将有利于节约投资、提高投资效益。

2. 推行招投标制能够不断降低社会平均劳动消耗水平，使工程价格得到有效控制

在建筑市场中，不同投标者的个别成本是有差异的。通过推行招标制总是那些个别成本最低或接近最低，生产力水平较高的投标者获胜，这样便实现了生产力资源的较优配置，也对不同投标者实行了优胜劣汰。面对激烈竞争的压力，为了自身的生存与发展，每个投标者都必须切实在降低自己个别劳动消耗水平上下功夫，这样将逐步而全面地降低社会平均劳动消耗水平，使工程价格更为合理。

3. 推行招投标制便于供求双方更好的相互选择，使工程价格更加符合价值基础，进而更好地控制工程造价

采用招标投标方式为供求双方在较大范围内进行相互选择创造了条件，为需求者（如业主）与供给者（如勘察设计单位、承包商、供应商）在最佳点上结合提供了可能。需求者对供给者选择的基本出发点是"择优选择"，即选择那些报价较低、工期较短、质量较高、具有良好业绩和管理水平的供给者，这样即为合理控制工程造价奠定了基础。

4. 推行招投标制有利于规范价格行为，使公开、公平、公正的原则得以贯彻

我国招标投标活动有特定的机构进行管理，有严格的程序来遵循，有高素质的专家提供支持。工程技术人员的群体评估与决策，能够避免盲目过度的竞争和徇私舞弊现象的发生，对建筑领域中的腐败现象起到强有力的遏制作用，使价格形成过程变得透明而规范。

5. 推行招投标制能够减少交易费用，节省人力、物力、财力，进而使工程造价有所降低

我国目前从招标、投标、开标、评标直至定标，均有一些法律、法规规定，已进入制度化操作。招投标中，若干投标人在同一时间、地点报价竞争，在专家支持系统的评估下，以群体决策方式确定中标者，必然减少交易过程的费用，这本身就意味着招标人收益的增加，对工程造价必然产生积极的影响。

二、招标工程量清单的编制

（一）招标工程量清单编制依据及准备工作

招标工程量清单是招标人依据国家标准、招标文件、设计文件以及施工现场实际情况编制的，随招标文件发布供投标报价的工程量清单，包括对其的说明和表格。编制招标工程量清单，应充分体现"量价分离"的"风险分担"原则。招标阶段，由招标人或其委托的工程造价咨询人根据工程项目设计文件，编制出招标工程项目的工程量清单，并将其作为招标文件的组成部分。招标工程量清单的准确性和完整性由招标人负责；投标人应结合企业自身实际、参考市场有关价格信息完成清单项目工程的组合报价，并对其承担风险。

1. 招标工程量清单的编制依据

（1）《建设工程工程量清单计价规范》GB 50500—2013 以及各专业工程计量规范等。

（2）国家或省级、行业建设主管部门颁发的计价定额和办法。

（3）建设工程设计文件及相关资料。

（4）与建设工程有关的标准、规范、技术资料。

（5）拟定的招标文件。

（6）施工现场情况、地勘水文资料、工程特点及常规施工方案。

（7）其他相关资料。

2. 招标工程量清单编制的准备工作

招标工程量清单编制的相关工作在收集资料包括编制依据的基础上，需进行如下工作：

（1）初步研究

对各种资料进行认真研究，为工程量清单的编制做准备。主要包括：

①熟悉《建设工程工程量清单计价规范》GB 50500—2013 和各专业工程计量规范、当地计价规定及相关文件；熟悉设计文件，掌握工程全貌，便于清单项目列项的完整、工程量的准确计算及清单项目的准确描述，对设计文件中出现的问题应及时提出。

②熟悉招标文件、招标图纸，确定工程量清单编审的范围及需要设定的暂估价；收集相关市场价格信息，为暂估价的确定提供依据。

③对《建设工程工程量清单计价规范》GB 50500—2013 缺项的新材料、新技术、新工艺，收集足够的基础资料，为补充项目的制定提供依据。

（2）现场踏勘

为了选用合理的施工组织设计和施工技术方案，需进行现场踏勘，以充分了解施工现场情况及工程特点，主要对以下两方面进行调查。

①自然地理条件。工程所在地的地理位置、地形、地貌、用地范围等；气象、水文情况，包括气温、湿度、降雨量等；地质情况，包括地质构造及特征、承载能力等；地震、洪水及其他自然灾害情况。

②施工条件。工程现场周围的道路、进出场条件、交通限制情况；工程现场施工临时设施、大型施工机具、材料堆放场地安排情况；工程现场邻近建筑物与招标工程的间距、结构形式、基础埋深、新旧程度、高度；市政给排水管线位置、管径、压力，废水、污水处理方式，市政、消防供水管道管径、压力、位置等；现场供电方式、方位、距离、电压等；工程现场通信线路的连接和铺设；当地政府有关部门对施工现场管理的一般要求、特殊要求及规定等。

（3）拟订常规施工组织设计。施工组织设计是指导拟建工程项目的施工准备和施工的技术经济文件。根据项目的具体情况编制施工组织设计，拟定工程的施工方案、施工顺序、施工方法等，便于工程量清单的编制及准确计算，特别是工程量清单中的措施项目。

施工组织设计编制的主要依据包括：招标文件中的相关要求，设计文件中的图纸及相关说明，现场踏勘资料，有关定额，现行有关技术标准、施工规范或规则等。作为招标人，仅需拟订常规的施工组织设计即可。在拟定常规的施工组织设计时需注意以下问题：

①估算整体工程量。根据概算指标或类似工程进行估算，且仅对主要项目加以估算即可，如土石方、混凝土等。

②拟定施工总方案。施工总方案仅需对重大问题和关键工艺做原则性的规定，不需考虑施工步骤，主要包括：施工方法，施工机械设备的选择，科学的施工组织，合理的施工进度，现场的平面布置及各种技术措施。制定总方案要满足以下原则：从实际出发，符合现场的实际情况，在切实可行的范围内尽量要求其先进和快速；满足工期的要求；确保工程质量和施工安全；尽量降低施工成本，使方案更加经济合理。

③确定施工顺序。合理确定施工顺序需要考虑以下几点：各分部分项工程之间的关系；施工方法和施工机械的要求；当地的气候条件和水文要求；施工顺序对工期的影响。

④编制施工进度计划。施工进度计划要满足合同对工期的要求，在不增加资源的前提下尽量提前。编制施工进度计划时要处理好工程中各分部、分项、单位工程之间的关系，避免出现施工顺序的颠倒或工种相互冲突。

⑤计算人、材、机资源需要量。人工工日数量根据估算的工程量、选用的定额、拟定的施工总方案、施工方法及要求的工期来确定，并考虑节假日、气候等的影响。材料需要量主要根据估算的工程量和选用的材料消耗定额进行计算。机械台班数量则根据施工方案确定选择机械设备方案及机械种类的匹配要求，再根据估算的工程量和机械时间定额进行计算。

⑥施工平面的布置。施工平面布置是根据施工方案、施工进度要求，对施工现场的道路交通、材料仓库、临时设施等做出合理的规划布置，主要包括：建设项目施工总平面图上的一切地上、地下已有和拟建的建筑物、构筑物以及其他设施的位置和尺寸；所有为施工服务的临时设施的位置布置，如施工用地范围，施工用道路，材料仓库，取土与弃土位置，水源、电源位置，安全、消防设施位置，永久性测量放线标桩位置等。

（二）招标工程量清单的编制内容

1.分部分项工程量清单的编制

分部分项工程量清单所反映的是拟建工程分项实体工程项目名称和相应数量的明细清单，招标人负责包括项目编码、项目名称、项目特征描述、计量单位和工程量的计算在内的五项内容。

（1）项目编码

分部分项工程量清单的项目编码，应根据拟建工程的工程量清单项目名称设置，同一招标工程的项目编码不得有重码。

（2）项目名称

分部分项工程量清单的项目名称应按专业工程计量规范附录的项目名称结合拟建工程的实际确定。

在分部分项工程量清单中所列出的项目，应是在单位工程的施工过程中以其本身构成该单位工程实体的分项工程，但应注意：

①当在拟建工程的施工图纸中有体现，并且在专业工程计量规范附录中也有相对应的项目时，则根据附录中的规定直接列项，计算工程量，确定其项目编码。

②当在拟建工程的施工图纸中有体现，但在专业工程计量规范附录中没有相对应的项目，并且在附录项目的"项目特征"或"工程内容"中也没有提示时，则必须编制针对这些分项工程的补充项目，在清单中单独列项并在清单的编制说明中注明。

（3）项目特征描述

分部分项工程量清单项目特征应依据专业工程计量规范附录中规定的项目特征，并结合拟建工程项目的实际，按照以下要求予以描述：

①必须描述的内容。

涉及可准确计量的内容，如门窗洞口尺寸或框外围尺寸。

涉及结构要求的内容，如混凝土构件的混凝土的强度等级。

涉及材质要求的内容，如油漆的品种、管材的材质等。

涉及安装方式的内容，如管道工程中的钢管的连接方式。

②可不描述的内容。

对计量计价没有实质影响的内容，如对现浇混凝土柱的高度，断面大小等特征。

应由投标人根据施工方案确定的内容，如对石方的预裂爆破的单孔深度及装药量的特征规定。

应由投标人根据当地材料和施工要求确定的内容，如对混凝土构件中的混凝土搅拌和材料使用的石子种类及粒径、砂的种类及特征规定。

应由施工措施解决的内容，如对现浇混凝土板、梁的标高的特征规定。

③可不详细描述的内容。

无法准确描述的内容，如土壤类别，可考虑其描述为"综合"，注明由投标人根据地质勘探资料自行确定土壤类别，决定报价。

施工图纸、标准图集标注明确的，对这些项目可描述为见 ×× 图集 ×× 页号及节点大样等。

清单编制人在项目特征描述中应注明由投标人自定的，如土石方工程中的"取土运距""弃土运距"等。

（4）计量单位

分部分项工程量清单的计量单位与有效位数应遵守《建设工程工程量清单计价规范》规定。当附录中有两个或两个以上计量单位的，应结合拟建工程项目的实际选择其中一个确定。

（5）工程量的计算

分部分项工程量清单中所列工程量应按专业工程计量规范规定的工程量计算规则计算。另外，对补充项的工程量计算规则必须符合下述原则：一是其计算规则要具有可计算性，二是计算结果要具有唯一性。

工程量的计算是一项繁杂而细致的工作，为了计算的快速准确并尽量避免漏算或重算，必须依据一定的计算原则及方法。

①计算口径一致。根据施工图列出的工程量清单项目，必须与专业工程计量规范中相应清单项目的口径相一致。

②按工程量计算规则计算。工程量计算规则是综合确定各项消耗指标的基本依据，也是具体工程测算和分析资料的基准。

③按图纸计算。工程量按每一分项工程，根据设计图纸进行计算，计算时采用的原始数据必须以施工图纸所表示的尺寸或施工图纸能读出的尺寸为准进行计算，不得任意增减。④按一定顺序计算。计算分部分项工程量时，可以按照定额编目顺序或按照施工图专业顺序依次进行计算。对于计算同一张图纸的分项工程量时，一般可采用以下几种顺序：按顺时针或逆时针顺序计算；按先横后纵顺序计算；按轴线编号顺序计算；按施工先后顺序计算；按定额分部分项顺序计算。

2. 措施项目清单的编制

措施项目清单指为完成工程项目施工，发生于该工程施工前和施工过程中与技术、生活、文明、安全等方面有关的非工程实体项目清单。

措施项目清单的编制需考虑多种因素，除工程本身的因素外，还涉及水文、气象、环境、安全等因素。措施项目清单应根据拟建工程的实际情况列项，若出现《建设工程工程量清单计价规范》GB 50500-2013 中未列的项目，可根据工程实际情况补充。项目清单的设置要考虑拟建工程的施工组织设计，施工技术方案，相关的施工规范与施工验收规范，招标文件中提出的某些必须通过一定的技术措施才能实现的要求，设计文件中一些不足以写进技术方案的、但是要通过一定的技术措施才能实现的内容。

有一些措施项目费用的发生与使用时间、施工方法或者两个以上的工序相关并大都与实际完成的实体工程量的大小关系不大，如安全文明施工、冬雨季施工、已完工程及设备保护等，对于这些措施项目可列入"措施项目清单与计价表"中，另外一些可以精确计算工程量的措施项目可用分部分项工程量清单的方式采用综合单价进行计算，列入"措施项目清单与计价表"中。

3. 其他项目清单的编制

其他项目清单是应招标人的特殊要求而发生的与拟建工程有关的其他费用项目和相应数量的清单。工程建设标准的高低、工程的复杂程度、工程的工期长短、工程的组成内容、发包人对工程管理的要求等都直接影响到其具体内容。当出现未包含在表格中的内容的项目时，可根据实际情况补充。其中：

（1）暂列金额

暂列金额是指招标人暂定并包括在合同中的一笔款项。用于工程合同签订时尚未确定或者不可预见的所需材料、工程设备、服务的采购，施工中可能发生的工程变更、合同约定调整因素出现时的合同价款调整以及发生的索赔、现场签证确认等的费用。此项费用由招标人填写其项目名称、计量单位、暂定金额等，若不能详列，也可只列暂定金额总额。由于暂列金额由招标人支配，实际发生后才得以支付，因此，在确定暂列金额时应根据施工图纸的深度、暂估价设定的水平、合同价款约定调整的因素以及工程实际情况合理确定。一般可按分部分项工程量清单的 10% ～ 15% 确定，不同专业预留的暂列金额应分别列项。

（2）暂估价

暂估价是招标人在招标文件中提供的用于支付必然要发生但暂时不能确定价格的材料、工程设备的单价以及专业工程的金额。一般而言，为方便合同管理和计价，需要纳入分部分项工程量项目综合单价中的暂估价，最好只限于材料费，以方便投标与组价。以"项"为计量单位给出的专业工程暂估价一般应是综合暂估价，即应当包括除规费、税金以外的管理费、利润等。

（3）计日工

计日工是为了解决现场发生的零星工作或项目的计价而设立的。计日工为额外工作的计价提供一个方便快捷的途径。计日工对完成零星工作所消耗的人工工时、材料数量、机械台班进行计量，并按照计日工表中填报的适用项目的单价进行计价支付。编制计日工表格时，一定要给出暂定数量，并且需要根据经验，尽可能估算一个比较贴近实际的数量，且尽可能把项目列全，以消除因此而产生的争议。

（4）总承包服务费

总承包服务费是为了解决招标人在法律法规允许的条件下，进行专业工程发包以及自行采购供应材料、设备时，要求总承包人对发包的专业工程提供协调和配合服务，对供应的材料、设备提供收、发和保管服务以及对施工现场进行统一管理，对竣工资料进行统一汇总整理等发生并向承包人支付的费用。招标人应当按照投标人的投标报价支付该项费用。

4. 规费税金项目清单的编制

规费税金项目清单应按照规定的内容列项，当出现规范中没有的项目，应根据省级政府或有关部门的规定列项。税金项目清单除规定的内容外，如国家税法发生变化或增加税种，应对税金项目清单进行补充。规费、税金的计算基础和费率均应按国家或地方相关部门的规定执行。

5. 工程量清单总说明的编制

（1）工程概况

工程概况中要对建设规模、工程特征、计划工期、施工现场实际情况、自然地理条件、环境保护要求等作出描述。其中建设规模是指建筑面积；工程特征应说明基础及结构类型、建筑层数、高度、门窗类型及各部位装饰、装修做法；计划工期是指按工期定额计算的施工天数；施工现场实际情况是指施工场地的地表状况；自然地理条件，是指建筑场地所处地理位置的气候及交通运输条件；环境保护要求，是针对施工噪声及材料运输可能对周围环境造成的影响和污染所提出的防护要求

（2）工程招标及分包范围

招标范围是指单位工程的招标范围，如建筑工程招标范围为"全部建筑工程"，装饰装修工程招标范围为"全部装饰装修工程"，或招标范围不含桩基础、幕墙头、门窗等。工程分包是指特殊工程项目的分包，如招标人自行采购安装"铝合金闸窗"等。

（3）工程量清单编制依据

包括建设工程工程量清单计价规范、设计文件、招标文件、施工现场情况、工程特点及常规施工方案等。

（4）工程质量、材料、施工等的特殊要求。工程质量的要求，是指招标人要求拟建工程的质量应达到合格或优良标准；对材料的要求，是指招标人根据工程的重要性、使用功能及装饰装修标准提出的，诸如对水泥的品牌、钢材的生产厂家、花岗石的出产地、品牌等的要求；施工要求，一般是指建设项目中对单项工程的施工顺序等的要求。

（5）其他需要说明的事项。

6. 招标工程量清单汇总

在分部分项工程量清单、措施项目清单、其他项目清单、规费和税金项目清单编制完成以后，经审查复核，与工程量清单封面及总说明汇总并装订，由相关

责任人签字和盖章，形成完整的招标工程量清单文件。随招标文件发布供投标报价的工程量清单，通常用表格形式表示并加以说明。由于招标人所用工程量清单表格与投标人报价所用表格是同一表格，招标人发布的表格中，除暂列金额、暂估价列有"金额"外只是列出工程量，且工程量为"实体净量"。

三、工程项目招标控制价的编制

（一）招标控制价的概念

1. 招标控制价的概念

招标控制价是指根据国家或省级建设行政主管部门颁发的有关计价依据和办法，依据拟订的招标文件和招标工程量清单，结合工程具体情况发布的招标工程的最高投标限价。

《中华人民共和国招标投标法实施条例》规定，招标人可以自行决定是否编制标底，一个招标项目只能有一个标底，标底必须保密。同时规定，招标人设有最高投标限价的，应当在招标文件中明确最高投标限价或者最高投标限价的计算方法，招标人不得规定最低投标限价。

2. 招标控制价与标底的关系

招标控制价是推行工程量清单计价过程中对传统标底概念的性质进行界定后所设置的专业术语，它使招标时评标定价的管理方式发生了很大的变化。设标底招标、无标底招标以及招标控制价招标的利弊分析如下：

（1）设标底招标。

①设标底时易发生泄露标底及暗箱操作的现象，失去招标的公平公正性，容易诱发违法违规行为。

②编制的标底价是预期价格，因较难考虑施工方案、技术措施对造价的影响，容易与市场造价水平脱节，不利于引导投标人理性竞争。

③标底在评标过程的特殊地位使标底价成为左右工程造价的杠杆，不合理的标底会使合理的投标报价在评标中显得不合理，有可能成为地方或行业保护的手段。

④将标底作为衡量投标人报价的基准，导致投标人尽力地去迎合标底，往往招标投标过程反映的不是投标人实力的竞争，而是投标人编制预算文件能力的竞争，或者各种合法或非法的"投标策略"的竞争。

（2）无标底招标。

①容易出现围标串标现象，各投标人哄抬价格，给招标人带来投资失控的风险。

②容易出现低价中标后偷工减料，以牺牲工程质量来降低工程成本，或产生

先低价中标，后高额索赔等不良后果。

③评标时，招标人对投标人的报价没有参考依据和评判基准。

（3）招标控制价招标。

①采用招标控制价招标的优点。

可有效控制投资，防止恶性哄抬报价带来的投资风险。

提高了透明度，避免了暗箱操作、寻租等违法活动的产生。

可使各投标人自主报价、公平竞争，符合市场规律。投标人自主报价，不受标底的左右。

既设置了控制上限又尽量地减少了业主依赖评标基准价的影响。

②采用招标控制价招标的缺点。

若"最高限价"大大高于市场平均价时，就预示中标后利润很丰厚，只要投标不超过公布的限额都是有效投标，从而可能诱导投标人串标围标。

若公布的最高限价远远低于市场平均价，就会影响招标效率，即可能出现只有1~2人投标或出现无人投标情况，因为按此限额投标将无利可图，超出此限额投标又成为无效投标，结果使招标人不得不修改招标控制价进行二次招标。

（二）招标控制价的编制依据

1.招标控制价的编制依据

招标控制价的编制依据是指在编制招标控制价时需要进行工程量计量、价格确认、工程计价的有关参数、率值的确定等工作时所需的基础性资料，主要包括：

（1）现行国家标准《建设工程工程量清单计价规范》GB 50500-2013与专业工程计量规范。

（2）国家或省级、行业建设主管部门颁发的计价定额和计价办法。

（3）建设工程设计文件及相关资料。

（4）拟定的招标文件及招标工程量清单。

（5）与建设项目相关的标准、规范、技术资料。（6）施工现场情况、工程特点及常规施工方案。

（7）工程造价管理机构发布的工程造价信息；工程造价信息没有发布的，参照市场价。

（8）其他的相关资料。

2.编制招标控制价的规定

（1）国有资金投资的工程建设项目应实行工程量清单招标，招标人应编制招标控制价，并应当拒绝高于招标控制价的投标报价，即投标人的投标报价若超过公布的招标控制价，则其投标作为废标处理。

（2）招标控制价应由具有编制能力的招标人或受其委托、具有相应资质的工程造价咨询人编制。工程造价咨询人不得同时接受招标人和投标人对同一工程的招标控制价和投标报价的编制。

（3）招标控制价应在招标文件中公布，对所编制的招标控制价不得进行上浮或下调。在公布招标控制价时，应公布招标控制价各组成部分的详细内容，不得只公布招标控制价总价。

（4）招标控制价超过批准的概算时，招标人应将其报原概算审批部门审核。这是由于我国对国有资金投资项目的投资控制实行的是设计概算审批制度，国有资金投资的工程原则上不能超过批准的设计概算。

（5）投标人经复核认为招标人公布的招标控制价未按照《建设工程工程量清单计价规范》

GB 50500—2013 的规定进行编制的，应在开标前 5 日向招标投标监督机构或（和）工程造价管理机构投诉。招标投标监督机构应会同工程造价管理机构对投诉进行处理，当招标控制价误差 >±3% 的应责成招标人改正。

（6）招标人应将招标控制价及有关资料报送工程所在地工程造价管理机构备查。

（三）招标控制价的编制内容

招标控制价的编制内容包括分部分项工程费、措施项目费、其他项目费、规费和税金，各个部分有不同的计价要求。

1. 分部分项工程费的编制要求

（1）分部分项工程费应根据招标文件中的分部分项工程量清单及有关要求，按照《建设工程工程量清单计价规范》GB 50500-2013 的有关规定确定综合单价计价。

（2）工程量依据招标文件中提供的分部分项工程量清单确定。

（3）招标文件提供了暂估单价的材料，应按暂估的单价计入综合单价。

（4）为使招标控制价与投标报价所包含的内容一致，综合单价中应包括招标文件中要求投标人所承担的风险内容及其范围（幅度）产生的风险费用。

2. 措施项目费的编制要求

（1）措施项目费中的安全文明施工费应当按照国家或省级、行业建设主管部门的规定标准计价，该部分不得作为竞争性费用。

（2）措施项目应按招标文件中提供的措施项目清单确定，措施项目分为以"量"计算和以"项"计算两种。对于可精确计量的措施项目，应采用以"量"计算，即按其工程量用于分部分项工程工程量清单单价相同的方式确定综合单价；对于不可精确计量的措施项目，则应采用以"项"为单位，即采用费率法按

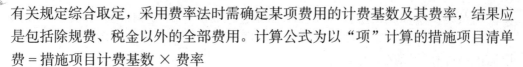

有关规定综合取定，采用费率法时需确定某项费用的计费基数及其费率，结果应是包括除规费、税金以外的全部费用。计算公式为以"项"计算的措施项目清单费＝措施项目计费基数 × 费率

3.其他项目费的编制要求

（1）暂列金额

暂列金额可根据工程的复杂程度、设计深度、工程环境条件（包括地质、水文、气候条件等）进行估算，一般可以分部分项工程费的 5% ～ 10% 为参考。

（2）暂估价

暂估价中的材料单价应按照工程造价管理机构发布的工程造价信息中的材料单价计算，工程造价信息未发布的材料单价，其单价参考市场价格估算；暂估价中的专业工程暂估价应分不同专业，按有关计价规定估算。

（3）计日工

在编制招标控制价时，对计日工中的人工单价和施工机械台班单价应按省级、行业建设主管部门或其授权的工程造价管理机构公布的单价计算；材料应按工程造价管理机构发布的工程造价信息中的材料单价计算，工程造价信息未发布单价的材料，其价格应按市场调查确定的单价计算。

（4）总承包服务费

总承包服务费应按照省级或行业建设主管部门的规定计算，在计算时可参考以下标准：

①招标人仅要求对分包的专业工程进行总承包管理和协调时，按分包的专业工程估算造价的 1.5% 计算。

②招标人要求对分包的专业工程进行总承包管理和协调，并同时要求提供配合服务时，根据招标文件中列出的配合服务内容和提出的要求，按分包的专业工程估算造价的 3%~5% 计算。

③招标人自行供应材料的，按招标人供应材料价值的 1% 计算。

4.规费和税金的编制要求

规费和税金必须按国家或省级、行业建设主管部门的规定计算。税金的计算公式为税金＝（分部分项工程量清单费＋措施项目清单费＋其他项目清单费十规费）× 综合税率

（四）招标控制价的计价与组价

1.招标控制价计价程序

建设工程的招标控制价反映的是单位工程费用，各单位工程费用是由分部分项工程费、措施项目费、其他项目费、规费和税金组成。

由于投标人（施工企业）投标报价计价程序与招标人（建设单位）招标控制

价计价程序具有相同的表格，为便于对比分析，此处将两种表格合并列出，其中表格栏目中斜线后带括号的内容用于投标报价，其余为通用栏目。

2. 综合单价的组价

招标控制价的分部分项工程费应由各单位工程的招标工程量清单乘以其相应综合单价汇总而成。综合单价的组价，首先依据提供的工程量清单和施工图纸，按照工程所在地区颁发的计价定额的规定，确定所组价的定额项目名称，并计算出相应的工程量；其次，依据工程造价政策规定或工程造价信息确定其人工、材料、机械台班单价；同时，在考虑风险因素确定管理费率和利润率的基础上，按规定程序计算出所组价定额项目的合价，然后将若干项所组价的定额项目合价相加除以工程量清单项目工程量，便得到工程量清单项目综合单价，，对于未计价材料费（包括暂估单价的材料费）应计入综合单价。

3. 确定综合单价应考虑的因素

编制招标控制价在确定其综合单价时，应考虑一定范围内的风险因素。在招标文件中应通过预留一定的风险费用，或明确说明风险所包括的范围及超出该范围的价格调整方法。对于招标文件中未作要求的可按以下原则确定。

（1）对于技术难度较大和管理复杂的项目，可考虑一定的风险费用，并纳入到综合单价中。

（2）对于工程设备、材料价格的市场风险，应依据招标文件的规定，工程所在地或行业工程造价管理机构的有关规定，以及市场价格趋势考虑一定率值的风险费用，纳入到综合单价中。

（3）税金、规费等法律、法规、规章和政策变化的风险和人工单价等风险费用不应纳入综合单价。

招标工程发布的分部分项工程量清单对应的综合单价，应按照招标人发布的分部分项工程量清单的项目名称、工程量、项目特征描述，依据工程所在地区颁发的计价定额和人工、材料、机械台班价格信息等进行组价确定，并应编制工程量清单综合单价分析表。

（五）编制招标控制价时应注意的问题

1. 采用的材料价格应是工程造价管理机构通过工程造价信息发布的材料价格，工程造价信息未发布材料单价的材料，其材料价格应通过市场调查确定。另外，未采用工程造价管理机构发布的工程造价信息时，需在招标文件或答疑补充文件中对招标控制价采用的与造价信息不一致的市场价格予以说明，采用的市场价格则应通过调查、分析确定，有可靠的信息来源。2. 施工机械设备的选型直接关系到综合单价水平，应根据工程项目特点和施工条件，本着经济实用、先进高效的原则确定。3. 应该正确、全面地使用行业和地方的计价定额与相关文件。

4. 不可竞争的措施项目和规费、税金等费用的计算均属于强制性的条款，编制招标控制价时应按国家有关规定计算。5. 不同工程项目。不同施工单位会有不同的施工组织方法，所发生的措施费也会有所不同，因此，对于竞争性的措施费用的确定，招标人应首先编制常规的施工组织设计或施工方案，然后经专家论证确认后再进行合理确定措施项目与费用。

四、工程项目投标报价的编制与报价策略

（一）投标报价的概念

投标报价是在工程招标发包过程中，由投标人按照招标文件的要求，根据工程特点，并结合自身的施工技术、装备和管理水平，依据有关计价规定自主确定的工程造价，是投标人希望达成工程承包交易的期望价格，它不能高于招标人设定的招标控制价。作为投标计算的必要条件，应预先确定施工方案和施工进度，此外，投标计算还必须与采用的合同形式相协调。

（二）投标报价的编制依据

1. 《建设工程工程量清单计价规范》GB 50500—2013
2. 国家或省级、行业建设主管部门颁发的计价办法。
3. 企业定额，国家或省级、行业建设主管部门颁发的计价定额和计价办法。
4. 招标文件、招标工程量清单及其补充通知、答疑纪要。
5. 建设工程设计文件及相关资料。
6. 施工现场情况、工程特点及投标时拟定的施工组织设计或施工方案。
7. 与建设项目相关的标准、规范等技术资料。
8. 市场价格信息或工程造价管理机构发布的工程造价信息。
9. 其他的相关资料。

（三）投标报价的编制原则

报价是投标的关键性工作，报价是否合理不仅直接关系到投标的成败，还关系到中标后企业的盈亏。投标报价编制原则如下：

1. 投标报价由投标人自主确定，但必须执行《建设工程工程量清单计价规范》GB50500—2013 的强制性规定。投标价应由投标人或受其委托，具有相应资质的工程造价咨询人员编制。

2. 投标人的投标报价不得低于成本。《评标委员会和评标方法暂行规定》第二十一条规定："在评标过程中，评标委员会发现投标人的报价明显低于其他投标报价或者在设有标底时明显低于标底，使得其投标报价可能低于其个别成本

的，应当要求该投标人作出书面说明并提供相关证明材料。投标人不能合理说明或者不能提供相关证明材料的，由评标委员会认定该投标人以低于成本报价竞标，其投标应作为废标处理"。根据上述法律、规章的规定，特别要求投标人的投标报价不得低于成本。

3. 投标报价要以招标文件中设定的发承包双方责任划分，作为考虑投标报价费用项目和费用计算的基础，发承包双方的责任划分不同，会导致合同风险不同的分摊，从而导致投标人选择不同的报价；根据工程发承包模式考虑投标报价的费用内容和计算深度。

4. 以施工方案、技术措施等作为投标报价计算的基本条件；以反映企业技术和管理水平的企业定额作为计算人工、材料和机械台班消耗量的基本依据；充分利用现场考察、调研成果、市场价格信息和行情资料，编制基础标价。

5. 报价计算方法要科学严谨，简明适用。

（四）投标报价的编制方法和内容

投标报价的编制过程，应首先根据招标人提供的工程量清单编制分部分项工程量清单计价表、措施项目清单计价表、其他项目清单计价表、规费、税金项目清单计价表，计算完毕之后，汇总得到单位工程投标报价汇总表，再层层汇总，分别得出单项工程投标报价汇总表和工程项目投标总价汇总表。在编制过程中，投标人应按招标人提供的工程量清单填报价格。填写的项目编码、项目名称、项目特征、计量单位、工程量必须与招标人提供的一致。

1. 分部分项工程量清单与计价表的编制

承包人投标价中的分部分项工程费应按招标文件中分部分项工程量清单项目的特征描述，确定综合单价计算。因此确定综合单价是分部分项工程工程量清单与计价表编制过程中最主要的内容。分部分项工程量清单综合单价，包括完成单位分部分项工程所需的人工费、材料费、施工机具使用费、管理费、利润，并考虑风险费用的分摊。确定分部分项工程综合单价时应注意以下事项。

（1）以项目特征描述为依据

项目特征是确定综合单价的重要依据之一，投标人投标报价时应依据招标文件中分部分项工程量清单项目的特征描述确定清单项目的综合单价。在招标投标过程中，当出现招标文件中分部分项工程量清单特征描述与设计图纸不符时，投标人应以分部分项工程量清单的项目特征描述为准，确定投标报价的综合单价。当施工中施工图纸或设计变更与工程量清单项目特征描述不一致时，发承包双方应按实际施工的项目特征，依据合同约定重新确定综合单价。

（2）材料、工程设备暂估价的处理

招标文件中在其他项目清单中提供了暂估单价的材料和工程设备，应按其暂

估的单价计入分部分项工程量清单项目的综合单价中。

（3）考虑合理的风险

招标文件中要求投标人承担的风险费用，投标人应考虑进入综合单价。在施工过程中，当出现的风险内容及其范围（幅度）在招标文件规定的范围（幅度）内时，综合单价不得变动，合同价款不做调整。根据国际惯例并结合我国工程建设的特点，发承包双方对工程施工阶段的风险宜采用如下分摊原则。

①对于主要由市场价格波动导致的价格风险，如工程造价中的建筑材料、燃料等价格风险，发承包双方应当在招标文件中或在合同中对此类风险的范围和幅度予以明确约定，进行合理分摊。根据工程特点和工期要求，一般采取的方式是承包人承担 5% 以内的材料、工程设备价格风险，10% 以内的施工机具使用费风险。

②对于法律、法规、规章或有关政策出台导致工程税金、规费、人工费发生变化，并由省级、行业建设行政主管部门或其授权的工程造价管理机构根据上述变化发布的政策性调整，承包人不应承担此类风险，应按照有关调整规定执行。

③对于承包人根据自身技术水平、管理、经营状况能够自主控制的风险，如承包人的管理费、利润的风险，承包人应结合市场情况，根据企业自身的实际合理确定、自主报价，该部分风险由承包人全部承担。

2.措施项目清单与计价表的编制

编制内容主要是计算各项措施项目费，措施项目费应根据招标文件中的措施项目清单及投标时拟定的施工组织设计或施工方案按不同报价方式自主报价。计算时应遵循以下原则。

（1）投标人可根据工程实际情况结合施工组织设计，自主确定措施项目费。对招标人所列的措施项目可以进行增补。这是由于各投标人拥有的施工装备、技术水平和采用的施工方法有所差异，招标人提出的措施项目清单是根据一般情况确定的，没有考虑不同投标人的"个性"，投标人投标时应根据自身编制的投标施工组织设计或施工方案确定措施项目，对招标人提供的措施项目进行调整。投标人根据投标施工组织设计或施工方案调整和确定的措施项目应通过评标委员会的评审。

（2）措施项目清单计价应根据拟建工程的施工组织设计，对于可以精确计"量"的措施项目宜采用分部分项工程量清单方式的综合单价计价；对于不能精确计"量"的措施项目可以"项"量为单位的方式按"率值"计价，应包括除规费、税金外的全部费用，以"项"为计量单位的，按"项"计价，其价格组成与综合单价相同，应包括除规费、税金以外的全部费用。

（3）措施项目清单中的安全文明施工费应按照国家或省级、行业建设主管部门的规定计价，不得作为竞争性费用。招标人不得要求投标人对该项费用进行优惠，投标人也不得将该项费用参与市场竞争。

3.其他项目清单与计价表的编制

其他项目费主要包括暂列金额、暂估价、计日工以及总承包服务费组成。投标人对其他项目费投标报价时应遵循以下原则：

（1）暂列金额明细表应按照其他项目清单中列出的金额填写，不得变动。

（2）暂估价不得变动和更改。材料暂估单价表中的材料暂估价必须按照招标人提供的暂估单价计入分部分项工程费用中的综合单价；专业工程暂估单价表必须按照招标人提供的其他项目清单中列出的金额填写。材料暂估单价和专业工程暂估价均由招标人提供，为暂估价格，在工程实施过程中，对于不同类型的材料与专业工程采用不同的计价方法。

①招标人在工程量清单中提供了暂估价的材料和专业工程属于依法必须招标的，由承包人和招标人共同通过招标确定材料单价与专业工程中标价。

②若材料不属于依法必须招标的，经发、承包双方协商确认单价后计价。

③若专业工程不属于依法必须招标的，由发包人、总承包人与分包人按有关计价依据进行计价。

（3）计日工应按照其他项目清单列出的项目和估算的数量，自主确定各项综合单价并计算费用。

（4）总承包服务费应根据招标人在招标文件中列出的分包专业工程内容和供应材料、设备情况，按照招标人提出的协调、配合与服务要求和施工现场管理需要自主确定。

4.规费、税金项目清单与计价表的编制

规费和税金应按国家或省级、行业建设主管部门的规定计算，不得作为竞争性费用。这是由于规费和税金的计取标准是依据有关法律、法规和政策规定制定的，具有强制性。因此，投标人在投标报价时必须按照国家或省级、行业建设主管部门的有关规定计算规费和税金。

5.投标价的汇总

投标人的投标总价应当与组成工程量清单的分部分项工程费、措施项目费、其他项目费和规费、税金的合计金额相一致，即投标人在进行工程量清单招标的投标报价时，不能进行投标总价优惠（或降价、让利），投标人对投标报价的任何优惠（或降价、让利）均应反映在相应清单项目的综合单价中。

（五）投标报价的工作程序

投标是一种要约，需要严格遵守关于招投标的法律规定及程序，还需对招标文件作出实质性响应，并符合招标文件的各项要求，科学规范地编制投标文件与合理策略地提出报价，直接关系到承揽工程项目的中标率。

任何一个施工项目的投标报价都是一项复杂的系统工程，需要周密思考，统筹安排。在取得招标信息后，投标人首先要决定是否参加投标，如果参加投标，即进行前期工作：准备资料，申请并参加资格预审；获取招标文件；组建投标报价班子；然后进入询价与编制阶段，整个投标过程需遵循一定的程序进行。

1. 投标报价的前期工作

（1）通过资格预审，获取招标文件

为了能够顺利地通过资格预审，承包商申报资格预审时应当注意：

①平时对资格预审有关资料注意积累，随时存入计算机内，经常整理，以备填写资格预审表格之用。

②填表时应重点突出，除满足资格预审要求外，还应适当地反映出本企业的技术管理水平、财务能力、施工经验和良好业绩。

③如果资格预审准备中，发现本公司某些方面难以满足投标要求时，则应考虑组成"联合体"参加资格预审。

（2）组建投标报价班子

组织一个专业水平高、经验丰富、精力充沛的投标报价班子是投标获得成功的基本保证。班子成员可分为3个层次，即投标决策人员、报价分析人员和基础数据采集和配备人员。各类专业人员之间应分工明确、通力合作配合，协调发挥各自的主动性、积极性和专长，完成既定投标报价工作。另外，还要注意保持报价班子成员的相对稳定，以便积累经验，不断提高其素质和水平，提高报价工作效率。

（3）研究招标文件

投标人取得招标文件后，为保证工程量清单报价的合理性，应对投标人须知、合同条件、技术规范、图纸和工程量清单等重点内容进行分析，深刻而正确地理解招标文件和业主的意图。

①投标须知。它反映了招标人对投标的要求，特别要注意项目的资金来源、投标书的编制和递交、投标保证金、更改或备选方案、评标方法等，重点在于防止废标。

②合同分析。投标人要了解与自己承包的工程内容有关的合同背景，分析承包方式、计价方式，注意合同条款中关于工程变更及相应合同价款调整的内容；分析合同条款中关于合同工期、竣工日期、部分工程分期交付工期等规定；注意合同条款中关于业主责任措辞的严密性，以及关于索赔的有关规定等。

（4）工程现场调查

招标人在招标文件中一般会明确进行工程现场踏勘的时间和地点。

投标人对一般区域调查重点注意以下几个方面：

①自然条件调查，如气象资料、水文资料、地震、洪水及其他自然灾害情况，地质情况等。

②施工条件调查，主要包括：工程现场的用地范围、地形、地貌、地物、高程，地上或地下障碍物，现场的三通一平情况；工程现场周围的道路、进出场条件、有无特殊交通限制等。

2. 询价与工程量复核

投标报价之前，投标人必须通过各种渠道，采用各种手段对工程所需各种材料、设备等的价格、质量、供应时间、供应数量等进行系统的调查，同时还要了解分包项目的分包形式、分包范围、分包人报价、分包人履约能力及信誉等。询价是投标报价的基础，它为投标报价提供可靠的依据。询价时要特别注意两个问题，一是产品质量必须可靠，并满足招标文件的有关规定；二是供货方式、时间、地点，有无附加条件和费用。

工程量清单作为招标文件的组成部分，是由招标人提供的。工程量的大小是投标报价最直接的依据。复核工程量的准确程度，将影响承包商的经营行为；一是根据复核后的工程量与招标文件提供的工程量之间的差距，考虑相应的投标策略，决定报价尺度；二是根据工程量的大小采取合适的施工方法，选择适用、经济的施工机具设备、投入使用相应的劳动力数量等。

3. 制订项目管理规划

项目管理规划是工程投标报价的重要依据，项目管理规划应分为项目管理规划大纲和项目管理实施规划。根据《建设工程项目管理规范》GB/T 50326-2006，当承包商以编制施工组织设计代替项目管理规划时，施工组织设计应满足项目管理规划的要求。

（1）项目管理规划大纲

项目管理规划大纲是投标人管理层在投标之前编制的，旨在作为投标依据、满足招标文件要求及签订合同要求的文件。可包括下列内容（根据需要选定）：项目概况；项目范围管理规划；项目管理目标规划；项目管理组织规划；项目成本管理规划；项目进度管理规划；项目质量管理规划；项目职业健康安全与环境管理规划；项目采购与资源管理规划；项目信息管理规划；项目沟通管理规划；项目风险管理规划；项目收尾管理规划。

（2）项目管理实施规划

项目管理实施规划是指在开工之前由项目经理主持编制的，旨在指导施工项目实施阶段管理的文件。项目管理实施规划必须由项目经理组织项目部在工程开工之前编制完成。应包括下列内容：项目概况；总体工作计划；组织方案；技术方案；进度计划；质量计划；职业健康安全与环境管理计划；成本计划；资源需求计划；风险管理规划；信息管理计划；项目沟通管理计划划；项目收尾管理计划：项目现场平面布置图；项目目标控制措施；技术经济指标。

4.报价编制

见投标报价的编制方法和内容。

5.编制投标文件

（1）投标文件编制的内容

投标人应当按照招标文件的要求编制投标文件。投标文件应当包括下列内容。

①投标函及投标函附录。

②法定代表人身份证明或附有法定代表人身份证明的授权委托书。

③联合体协议书（如工程允许采用联合体投标）。

④投标保证金。

⑤已标价工程量清单。

⑥施工组织设计。

⑦项目管理机构。

⑧拟分包项目情况表。

⑨资格审查资料。

⑩规定的其他材料。

（2）投标文件编制时应遵循的规定

①投标文件应按"投标文件格式"进行编写，如有必要，可以增加附页，作为投标文件的组成部分。其中，投标函附录在满足招标文件实质性要求的基础上，可以提出比招标文件要求更能吸引招标人的承诺。

②投标文件应当对招标文件有关工期、投标有效期、质量要求、技术标准和要求、招标范围等实质性内容作出响应。

③投标文件应由投标人的法定代表人或其委托代理人签字或盖单位章。委托代理人签字的，投标文件应附法定代表人签署的授权委托书。投标文件应尽量避免涂改、行间插字或删除。如果出现上述情况，改动之处应加盖单位章或由投标人的法定代表人或其授权的代理人签字确认。

④投标文件正本一份，副本份数按招标文件有关规定。正本和副本的封面上应清楚地标记"正本"或"副本"的字样。投标文件的正本与副本应分别装订成册，并编制目录。当副本和正本不一致时，以正本为准。

⑤除招标文件另有规定外，投标人不得递交备选投标方案。允许投标人递交备选投标方案的，只有中标人所递交的备选投标方案方可予以考虑。评标委员会

认为中标人的备选投标递方案优于其按照招标文件要求编制的投标方案的,招标人可以接受该备选投标方案。

（六）投标报价的策略

投标报价策略是指承包商在投标竞争中的系统工作部署及其参与投标竞争的方式和手段。投标报价策略对承包人有着十分重要的意义和作用。常用的策略主要有以下几种。

1. 根据招标项目的不同特点采用不同报价

投标报价时,既要考虑自身的优势和劣势,也要分析招标项目的特点。按照工程项目的不同特点、类别、施工条件等来选择报价策略。

遇到如下情况报价可高一些:施工条件差的工程;专业要求高的技术密集型工程,而本公司在这方面又有专长,声望也较高;总价低的小工程,以及自己不愿做、又不方便不投标的工程;特殊的工程,如港口码头、地下开挖工程等;工期要求急的工程;投标对手少的工程;支付条件不理想的工程。

遇到如下情况报价可低一些:施工条件好的工程,工作简单、工程量大而一般公司都可以做的工程;本公司目前急于打入某一市场、某一地区,或在该地区面临工程结束,机械设备等无工地转移时;本公司在附近有工程,而本项目又可利用该工程的设备、劳务,或有条件短期内突击完成的工程;投标对手多,竞争激烈的工程;非急需工程;支付条件好的工程。

2. 不平衡报价法

不平衡报价法是指一个工程项目总报价基本确定后,通过调整内部各个项目的报价,某些项目的报价比正常水平高,另一些项目的报价比正常水平低一些,以期既不提高总报价和不影响中标,又能在结算时得到更理想的经济效益,加快资金周转。一般可以考虑在以下几方面采用不平衡报价。

（1）能够早日结账收款的项目（如开办费、基础工程、土方开挖、桩基等）可适当提高。

（2）预计今后工程量会增加的项目,单价适当提高,这样在最终结算时可多赚钱;将工程量可能减少的项目单价降低,工程结算时损失不大。

（3）设计图纸不明确,估计修改后工程量要增加的,可以提高单价;而工程内容记不清楚的,则可适当降低一些单价,待澄清后可再要求提价。

（4）暂定项目,又称为任意项目或选择项目,对这类项目要具体分析。因为这类项目要在开工后再出业主研究决定是否实施,以及由哪家承包商实施。如果工程不分标,不会另由一家承包商施工,则其中肯定要做的单价可高些,不一定做的则应低些;如果工程分标,该暂定项目也可能由其他承包商施工时,则不宜报高价,以免抬高总报价。

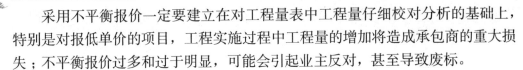

采用不平衡报价一定要建立在对工程量表中工程量仔细校对分析的基础上，特别是对报低单价的项目，工程实施过程中工程量的增加将造成承包商的重大损失；不平衡报价过多和过于明显，可能会引起业主反对，甚至导致废标。

3. 多方案报价法

多方案报价法是承包商在工程说明书或合同条款不够明确时采用的一种方法。当发现工程范围不很明确、条款不清楚或很不公正，或技术规范要求过于苛刻时，则要在充分估计投标风险的基础上，按多方案报价法处理。即是按原招标文件报一个价，然后再加以注释，如某某条款作某些变动，报价可降低多少，由此可报出一个较低的价。这样可以降低总价，吸引业主改变说明书和合同条款，同时也提高竞争力。

4. 增加建议方案

有时招标文件中规定，可以提一个建议方案，即可以修改原设计方案，提出投标者的方案。投标人这时应抓住机会，组织一批有经验的设计和施工工程师，对原招标文件的设计和施工方案仔细研究，提出更为合理的方案以吸引业主，促成自己的方案中标。这种新建议方案可以降低总造价或是缩短工期，或使工程运用更为合理。但要注意对原招标方案一定也要报价。建议方案不要写得太具体，要保留方案的技术关键，防止招标人将此方案交给其他投标人。同时要强调的是，建议方案一定要比较成熟，有很好的可操作性。

当然，结合具体情况，还可以做诸如零星用工单价的报价，可供选择的项目的报价，暂定工程量的报价，分包商报价的采用、利润报价等方面制定相应的策略，以获得中标。

五、工程合同价款的确定与施工合同的签订

（一）工程合同价款的确定方式

工程合同价款是发包人和承包人在协议中约定，发包人用以支付承包人按照合同约定完成承包范围内全部工程并承担质量保修责任的价款，是工程合同中双方当事人最关心的核心条款，是由发包人、承包人依据中标通知书中的中标价格在协议书内的约定。合同价款在协议书内约定后，任何一方不能擅自更改。

《建筑工程施工发包与承包计价管理办法》规定，工程合同价可以采用 3 种方式：固定合同价、可调合同价和成本加酬金合同价。

1. 固定合同价

固定合同价是指在约定的风险范围内价款不再调整的合同。双方需在专用条款内约定合同价款包含的风险范围、风险费用的计算方法和承包风险范围以外对合同价款影响的调整方法，在约定的风险范围内合同价款不再调整。固定合同价

可分为固定合同总价和固定合同单价两种方式。

（1）固定合同总价

固定合同总价的价格计算是以设计图纸、工程量及规范等为依据，承、发包双方就承包工程协商一个固定的总价，即承包方按投标时发包方接受的合同价格实施工程，无特定情况不作变化。

采用这种合同，合同总价只有在设计和工程范围发生变更的情况下才能随之做相应的变更，除此之外，合同总价一般不能变动。因此，采用固定总价合同，承包方要承担合同履行过程中的主要风险，要承担实物工程量、工程单价等变化而可能造成损失的风险。在合同执行过程中，承、发包双方均不能以工程量、设备和材料价格、工资等变动为理由，提出对合同总价调值的要求。所以，作为合同总价计算依据的设计图纸、说明、规定及规范需对工程做出详尽的描述，承包方要在投标时对一切费用上升的因素做出估计并将其包含在投标报价之中。承包方因为可能要为许多不可预见的因素付出代价，所以往往会加大不可预见费用，致使这种合同的投标价格较高。

固定总价合同一般适用于：

①招标时的设计深度已达到施工图设计要求，工程设计图纸完整齐全，项目、范围及工程量计算依据确切，合同履行过程中不会出现较大的设计变更，承包方依据的报价工程量与实际完成的工程量不会有较大的差异。

②规模较小，技术不太复杂的中小型工程。承包方一般在报价时可以合理地预见到实施过程中可能遇到的各种风险。

③合同工期较短，一般为一年之内的工程。

（2）固定合同单价

固定合同单价分为估算工程量单价与纯合同单价。

①估算工程量单价合同。估算工程量单价合同是以工程量清单和工程单价表为基础和依据来计算合同价格的，亦可称为计量估价合同。估算工程量单价合同通常是由发包方提出工程量清单，列出分部分项工程量，由承包方以此为基础填报相应单价，累计计算后得出合同价格。但最后的工程结算价应按照实际完成的工程量来计算，即按合同中的分部分项工程单价和实际工程量，计算得出工程结算和支付的工程总价格。

采用这种合同时，要求实际完成的工程量与原估计的工程量不能有实质性的变化。因为投标人报出的单价是以招标文件给出的工程量为基础计算的，工程量大幅度地增加或减少，会使投标人按比例分摊到单价中的一些固定费用与实际严重不符，要么使投标人获得超额利润，要么使许多固定费用收不回来。所以有的单价合同规定，如果最终结算时实际工程量与工程量清单中的估算工程量相差超

过 ±10% 时，允许调整合同单价。FIDIC 的"土木工程施工合同条件"中则提倡工程结束时总体结算超过 ±15% 时对单价进行调整，或者当某一分部或分项工程的实际工程量与招标文件的工程量相差超过 ±25% 且该分项目的价格占有效合同 2% 以上时，该分项也应调整单价。总之，不论如何调整，在签订合同时必须写明具体的调整方法，以免以后发生纠纷。

采用估算工程量单价合同时，工程量是统一计算出来的，承包方只要经过复核后填上适当的单价，承担风险较小；发包方也只需审核单价是否合理即可，对双方都较为方便。由于具有这些特点，估算工程量单价合同是比较常见的一种合同计价方式。估算工程量单价合同大多用于工期长、技术复杂、实施过程中可能会发生各种不可预见因素较多的建设工程。在施工图不完整或当准备招标的工程项目内容、技术经济指标一时尚不能明确时，往往要采用这种合同计价方式。这样在不能精确地计算出工程量的条件下，可以避免使发包或承包的任何一方承担过大的风险。

②纯合同单价。采用这种计价方式的合同时，发包方只向承包方给出发包工程的有关分部分项工程以及工程范围，不对工程量作任何规定。即在招标文件中仅给出工程内各个分部分项工程一览表、工程范围和必要的说明，而不必提供实物工程量。承包方在投标时只需要对这类给定范围的分部分项工程做出报价即可，合同实施过程中按实际完成的工程量进行结算。

这种合同计价方式主要适用于没有施工图，或工程量不明、却急需开工的紧迫工程，如设计单位来不及提供正式施工图纸，或虽有施工图但由于某些原因不能比较准确地计算工程量时。当然，对于纯单价合同来说，发包方必须对工程范围的划分做出明确的规定，以使承包方能够合理地确定工程单价。

2. 可调合同价

可调合同价是指合同总价或者单价，在合同实施期内根据合同约定的办法调整，即在合同的实施过程中可以按照约定，随资源价格等因素的变化而调整的价格。

（1）可调合同总价

可调合同总价是以设计图纸及规定、规范为基础，在报价及签约时，按招标文件的要求和当时的物价来计算合同总价。但合同总价是一个相对固定的价格，在合同执行过程中，由于通货膨胀而使所用的工料成本增加，可对合同总价进行相应的调整。可调总价合同的合同总价不变，只是在合同条款中增加调价条款，如果出现通货膨胀这一不可预见的费用因素，合同总价就可按约定的调价条款作相应调整。

可调总价合同列出的有关调价的特定条款，往往是在合同专用条款中列明，调价必须按照这些特定的调价条款进行。这种合同与固定总价合同的不同之处在于，它对合同实施中出现的风险做了分摊，发包方承担了通货膨胀的风险，而承包方承担合同实施中实物工程量、成本和工期因素等其他风险。

可调总价适用于工程内容和技术经济指标规定很明确的项目，由于合同中列有调值条款，所以工期在一年以上的工程项目较适于采用这种合同计价方式。

（2）可调合同单价

合同单价的可调，一般是在工程招标文件中规定，在合同中签订的单价，根据合同约定的条款，如在工程实施过程中物价发生变化等，可作调值。有的工程在招标或签约时，因某些不确定因素而在合同中暂定某些分部分项工程的单价，在工程结算时，再根据实际情况和合同约定对合同单价进行调整，确定实际结算单价。

3. 成本加酬金合同价

合同中确定的工程合同价，其工程成本中的直接费（一般包括人工、材料及机械设备费）按实支付，管理费及利润按事先协议好的某一种方式支付。

这种合同形式主要适用于：在工程内容及技术指标尚未全面确定，报价依据尚不充分的情况下，业主方又因工期要求紧迫急于上马的工程；施工风险很大的工程，或者业主和承包商之间具有良好的合作经历和高度的信任，承包商在某方面具有独特的技术、特长和经验的工程。这种合同形式的缺点是发包单位对工程总造价不易控制，而承包商在施工中也不注意精打细算，因为是按照一定比例提取管理费及利润，往往成本越高，管理费及利润也越高。

成本补偿合同有多种形式，部分形式如下所述。

（1）成本加固定百分比酬金合同价

这种合同形式，承包商实际成本实报实销，同时按照实际直接成本的固定百分比付给承包商相应的酬金。因此该类合同的工程总造价及付给承包方的酬金随工程成本而水涨船高，这不利于鼓励承包商降低成本，正是由于这种弊病所在，使得这种合同形式很少被采用。

（2）成本加固定费用合同价

这种合同形式与成本加固定百分比酬金合同相似，其不同之处在于酬金一般是固定不变的。它是根据双方讨论同意的工程规模、估计工期、技术要求、工作性质及复杂性，以及所涉及的风险等来考虑确定一笔固定数目的报酬金额作为管理费及利及润。对人工、材料、机械台班费等直接成本则实报实销。如果设计变更或增加新项目，即直接费用超过原定估算成本的10%左右时，固定的报酬费也要增加。这种方式也不能鼓励承包商关心降低成本，因此也可在固定费用之外根据工程质量、工期和节约成本等因素，给承包商另加奖金，以鼓励承包商积极工作。

（3）成本加奖罚合同价

采用这种形式的合同，首先要确定一个目标成本，这个目标成本是根据粗略估算的工程量和单价表编制出来的。在此基础上，根据目标成本来确定酬金的数额，可以是百分比的形式，也可以是一笔固定酬金，同时以目标成本为基础确定一个奖罚的上下限。在项目实施工程中，当实际成本低于确定的下限时，承包商在获得实际成本、酬金补偿外，还可根据成本降低额来得到一笔奖金。当实际成本高于上限成本时，承包方仅能从发包方得到成本和酬金的补偿，并对超出合同规定的限额，还要处以一笔罚金。

这种合同形式可以促使承包商关心成本的降低和工期的缩短，而且目标成本是随着设计的进展而加以调整的，承发包双方都不会承担太大风险，故这种合同形式应用较多。

（4）最高限额成本加固定最大酬金合同价

在这种形式的合同中，首先要确定最高限额成本、报价成本和最低成本，当实际成本没有超过最低成本时，承包商发生的实际成本费用及应得酬金等都可得到业主的支付，并可与业主分享节约额；如果实际工程成本在最低成本和报价成本之间，承包方只有成本和酬金可以得到支付；如果实际工程成本在报价成本与最高限额成本之间，则全部成本可以得到支付；实际工程成本超过最高限额成本时，则超过部分业主不予支付。

这种合同形式有利于控制工程造价，并能鼓励承包商最大限度地降低工程成本。

具体工程承包的计价方式不一定是单一的方式，在合同内可以明确约定具体工作内容采用的计价方式，也可以采用组合计价方式。

（二）施工合同的签订

1.施工合同格式的选择

合同是双方对招标成果的认可，是招标之后、开工之前双方签订的工程施工、付款和结算的凭证。合同的形式应在招标文件中确定，投标人应在投标文件中做出响应。目前的建筑工程施工合同格式一般采用如下几种方式。

（1）参考 FIDIC 合同格式订立的合同

FIDIC 合同是国际通用的规范合同文本。它一般用于大型的国家投资项目和世界银行贷款项目。采用这种合同格式，可以有效避免工程竣工结算时的经济纠纷；但因其使用条件较严格，因而在一般中小型项目中较少采用。

（2）《建设工程施工合同示范文本》（简称示范文本合同）

按照国家工商管理部门和原建设部推荐的《建设工程施工合同示范文本》格

式订立的合同是比较规范的，也是公开招标的中小型工程项目采用最多的一种合同格式。该合同格式由4部分组成：协议书、通用条款、专用条款和附件。

①协议书明确了双方最主要的权利义务，经当事人签字盖章，具有最高的法律效力。

②通用条款具有通用性，基本适用于各类建筑施工和设备安装。

③专用条款是对通用条款必要的修改与补充，其与通用条款相对应，多为空格形式，需双方协商完成，更好地针对工程的实际情况，体现了双方的统一意志。

④附件对双方的某项义务以确定格式予以明确，便于实际工作中的执行与管理。整个示范文本合同是招标文件的延续，故一些项目在招标文件中就拟定了补充条款内容以表明招标人的意向；投标人若对此有异议时，可在招标答疑（澄清）会上提出，并在投标函中提出施工单位能接受的补充条款；双方对补充条款再有异议时可在询标时得到最终统一。

（3）自由格式合同

自由格式合同是由建设单位和施工单位协商订立的合同，它一般适用于通过邀请招标或议标发包而定的工程项目，这种合同是一种非正规的合同形式，往往由于一方（主要是建设单位）对建筑工程复杂性、特殊性等方面考虑不周，从而使其在工程实施阶段陷于被动。

2.施工合同签订过程中的注意事项

（1）关于合同文件部分

招投标过程中形成的补遗、修改、书面答疑、各种协议等均应作为合同文件的组成部分。特别应注意作为付款和结算依据的工程量和价格清单，应根据评标阶段做出的修正稿重新整理、审定，并且应标明按完成的工程量测算付款和按总价付款的内容。

（2）关于合同条款的约定

在编制合同条款时，应注重有关风险和责任的约定，将项目管理的理念融入合同条款中，尽量将风险量化，责任明确，公正地维护双方的利益。其中主要重视以下几类条款。

①程序性条款。目的在于规范工程价款结算依据的形成，预防不必要的纠纷。程序性条款贯穿于合同行为的始终。包括信息往来程序、计量程序、工程变更程序、索赔处理程序、价款支付程序、争议处理程序等。编写时注意明确具体步骤，约定时间期限。

②有关工程计量的条款。注重计算方法的约定，应严格确定计量内容（一般按净值计量），加强隐蔽工程计量的约定。计量方法一般按工程部位和工程特性

确定，以便于核定工程量及便于计算工程价款为原则。

③有关工程计价的条款。应特别注意价格调整条款，如对未标明价格或无单独标价的工程，是采用重新报价方法，还是采用定额及取费方法，或者协商解决，在合同中应约定相应的计价方法。对于工程量变化的价格调整，应约定费用调整公式；对工程延期的价格调整、材料价格上涨等因素造成的价格调整，是采用补偿方式，还是变更合同价，应在合同中约定。④有关双方职责的条款。为进一步划清双方责任，量化风险，应对双方的职责进行恰当地描述。对那些未来很可能发生并影响工作、增加合同价款及延误工期的事件和情况加以明确，防止索赔、争议的发生。

⑤工程变更的条款。适当规定工程变更和增减总量的限额及时间期限。如在FIDIC 合同条款中规定，单位工程的增减量超过原工程量 15% 应相应调整该项的综合单价。

⑥索赔条款。明确索赔程序、索赔的支付、争端解决方式等。

（三）工程合同价款的确定

合同价款是合同文件的核心要素，建设项目不论是招标发包还是直接发包，合同价款的具体数额均在"合同协议书"中载明。

1. 合同价款与发承包的关系

建设工程发承包最核心的问题是合同价款的确定，而建设工程项目签约合同价（合同价款）的确定取决于发承包方式。目前，发承包方式有直接发包和招标发包两种，其中招标发包是主要发承包方式。同时，签约合同价还因采用不同的计价方法，会产生较大的价款差额。对于招标发包的项目，即以招标投标方式签订的合同中，应以中标时确定的金额为准；对于直接发包的项目，如按初步设计总概算投资包干时，应以经审批的概算投资中与承包内容相应部分的投资（包括相应的不可预见费）为签约合同价；如按施工图预算包干，则应以审查后的施工图总预算或综合预算为准。在建筑安装合同中，能准确确定合同价款的，需要明确相应的价款调整规定，如在合同签订时尚不能准确计算出合同价款的，尤其是按施工图预算加现场签证和按实结算的工程，在合同中需要明确规定合同价款的计算原则，具体约定执行的计价依据与计算标准，以及合同价款的审定方式等。

2. 签约合同价与中标价的关系

签约合同价是指合同双方签订合同时在协议书中列明的合同价格，对于以单价合同形式招标的项目，工程量清单中各种价格的总计即为合同价，合同价就是中标价，因为中标价是指评标时经过算术修正的、并在中标通知书中申明招标人接受的投标价格。法理上，经公示后招标人向投标人所发出的中标通知书（投标人向招标人回复确认中标通知书已收到），中标的中标价就受到法律保护，招标人不得以任何理由反悔。这是因为，合同价格属于招投标活动中的核心内容，根据《中华人民共和国招标投标法》第四十六条有关"招标人和中标人应当……按照招标文件和中标人的投标文件订立书面合同，招标人和中标人不得再行订立背离合同实质性内容的其他协议"之规定，发包人应根据中标通知书确定的价格签订合同。

3. 合同价款约定的规定和内容

（1）合同签订的时间及规定

招标人和中标人应当自中标通知书发出之日起 30 天内，根据招标文件和中标人的投标文件订立书面合同。中标人无正当理由拒签合同的，招标人取消其中标资格，其投标保证金不予退还，给招标人造成的损失超过投标保证金数额的，中标人还应当对超过部分予以赔偿。发出中标通知书后，招标人无正当理由拒签合同的，招标人向中标人退还投标保证金；给中标人造成损失的，还应当赔偿损失。招标人与中标人签订合同后 5 个工作日内，应当向中标人和未中标的投标人退还投标保证金。

实行招标的工程合同价款应由发承包双方依据招标文件和中标人的投标文件在书面合同中约定。合同约定不得违背招、投标文件中关于工期、造价、质量等方面的实质性内容。招标文件与中标人投标文件不一致的地方，以投标文件为准。不实行招标的工程合同价款，在发承包双方认可的合同价款基础上，由发承包双方在合同中约定。

（2）合同价款约定的内容

发承包双方应在合同条款中对下列事项进行约定。

①预付工程款的数额、支付时间及抵扣方式。②安全文明施工措施的支付计划，使用要求等。

③工程计量与支付工程进度款的方式、数额及时间。

④合同价款的调整因素、方法、程序、支付及时间。

⑤施工索赔与现场签证的程序、金额确认与支付时间。

⑥承担计价风险的内容、范围以及超出约定内容、范围的调整办法。

⑦工程竣工价款结算编制与核对、支付及时间。⑧工程质量保证金的数额、扣留方式及时间。

⑨违约责任以及发生合同价款争议的解决方法及时间。

⑩与履行合同、支付价款有关的其他事项等。

第四节　施工阶段工程造价管理

一、建设项目施工阶段与工程造价的关系

建设项目施工阶段是按照设计文件、图样等要求，具体组织施工建造的阶段，即把设计蓝图付诸实现的过程。

在我国，建设项目施工阶段的造价管理一直是工程造价管理的重要内容。承包商通过施工生产活动完成建设工程产品的实物形态，建设项目投资的绝大部分支出都花费在这个阶段工上。建设项目施工是一个动态的过程，涉及的环节多、难度大、形式多样；设计图、施工条件、市场价格等因素的变化也会直接影响工程的实际价格；建设项目实施阶段是业主和承包商工作的中心环节，也是业主和承包商工程造价管理的中心，各类工程造价从业人员的主要造价工作就集中于这一阶段。所以，这一阶段的工程造价管理最为复杂，是工程造价确定与控制的重点和难点所在。

建设项目施工阶段工程造价控制的目标，就是把工程造价控制在承包合同价或施工图预算内，并力求在规定的工期内生产出质量好、造价低的建设（或建筑）产品。

二、施工阶段工程造价管理的工作内容

（一）建设项目施工阶段工程造价的确定

建设项目施工阶段工程造价的确定，就是在工程施工阶段按照承包人实际完成的工程量，以合同价为基础，同时考虑因物价上涨因素引起的价款调整，考虑到设计中难以预计的而在施工阶段实际发生的工程变更费用，合理确定工程价款。

（二）建设项目施工阶段工程造价的控制

建设项目施工阶段工程造价的控制是建设项目全过程造价控制中不可缺少的重要一环，在这一阶段应努力做好以下工作：严格按照规定和合同约定拨付工程进度款，严格控制工程变更，及时处理施工索赔工作，加强价格信息管理，了解市场价格变动等。

工程造价管理是建设项目管理的重要组成部分，建设项目施工阶段工程造价的确定与控制是工程造价管理的核心内容。通过决策阶段、设计阶段和招投标阶段对工程造价的管理工作，使工程建设规划在达到预先功能要求的前提下，其投资预算额也达到了最优的程度，这个最优程度的预算额能否变成现实，就要看工程建设施工阶段造价的管理工作是否做得好。

做好该项管理工作，就能有效地利用投入建设工程的人力、物力、财力，以尽量少的劳动和物质消耗，取得较高的经济效益和社会效益。

（三）施工阶段工程造价管理的工作内容

施工阶段造价管理的主要内容包含以下几个方面：

1. 施工组织设计的编制优化。

2. 工程变更。

3. 工程索赔。

4. 工程计量与合同价款管理。

5. 资金使用计划的编制与投资偏差分析。

三、施工阶段工程造价管理的工作程序

在建设项目施工阶段，承包商按照设计文件、合同的要求，通过施工生产活动完成建设工程项目产品的实物形态，建设工程项目投资的绝大部分支出都发生在这个阶段。由于建设工程项目施工是一个动态系统的过程，涉及的环节多、施工条件复杂，设计图、环境条件、工程变更、工程索赔、施工的工期与质量、人工、材料及机械台价格的变动、风险事件的发生等很多因素的变化都会直接影响工程的实际价格，这一阶段的工程造价管理最为复杂，因此应遵循一定的工作程序来管理施工阶段的工程造价。

四、施工阶段工程造价控制的措施

施工阶段是实现建设工程价值的主要阶段，也是资金投入量最大的阶段。在这一阶段需要投入大量的人力、物力、资金等，是建设项目费用消耗最多的时期，浪费投资的可能性比较大。因此在实践中，往往把施工阶段作为工程造价管理的重要阶段，应从组织、经济、技术和合同等多方面采取措施，控制投资。

（一）组织措施

1. 建立合理的项目组织结构，明确组织分工，落实各个组织、人员的任务分工及职能分工等。例如，针对工程款的支付，从质量检验、计量、审核、签证、付款、偏差分析等程序落实需要涉及的组织及人员。

2. 编制施工阶段投资控制工作计划，建立主要管理工作的详细工作流程，如资金支付的程序、采购的程序、设计变更的程序、索赔的程序等。

3. 委托或聘请有关咨询机构或工程经济专家做好施工阶段必要的技术经济分析与论证。

（二）经济措施

1. 编制资金使用计划，确定分解投资控制目标。

2. 定期收集工程项目成本信息、已完成的任务量情况信息和建筑市场相关造价指数等数据，对工程施工过程中的资金支出做好分析与预测，对工程项目投资目标进行风险分析，并制定防范性对策。

3. 严格工程计量，复核工程付款账单，签发付款证书。

4. 对施工过程资金支出进行跟踪控制，定期地进行投资实际支出值与计划目标值的比较，进行偏差分析，发现偏差，分析原因，及时采取纠偏措施。

5. 协商确定工程变更价款，审核竣工结算。

6. 对节约造价的合理化建议进行奖励。

（三）技术措施

1. 对设计变更进行技术经济分析，严格控制不合理变更。

2. 继续寻找通过设计节约造价的可能性。

3. 审核承包商编制的施工组织设计，对主要施工方案进行技术经济分析。

（四）合同措施

1. 合同实施、修改、补充过程中进一步进行合同评审。

2. 施工过程中及时收集和整理有关的施工、监理、变更等工程信息资料，为正确地处理可能发生的索赔提供证据。

3. 参与并按一定程序及时处理索赔事宜。

4. 参与合同的修改、补充工作，着重考虑其对造价的影响。

第五节　竣工阶段工程造价管理

一、建设项目竣工验收

建设项目竣工验收是指由建设单位、施工单位和项目验收委员会，以项目批准的设计任务书和设计文件，以及国家或部门颁发的施工验收规范和质量检验标准为依据，按照一定的程序和手续，在项目建成并试生产合格后（工业生产性项目），对工程项目的总体进行检验和认证、评价和鉴定的活动。竣工验收是建设工程的最后阶段。一个单位工程或一个建设项目在全部竣工后进行检验验收及交工，是建设、施工、生产准备工作进行检验评定的重要环节，也是对建设成果和投资效果的总检验。竣工验收是严格按照国家有关规定组成验收组进行的。建设项目和单项工程要按照设计文件所规定的全部内容建成最终建筑产品，根据国家有关规定评定质量等级，进行竣工验收。

建设项目竣工验收，按被验收的对象划分，可分为单项工程验收、单位工程验收（称为"交工验收"）及工程整体验收（称为"动用验收"）。通过建设项目竣工验收环节，可以达到以下目的：

1. 全面考核建设成果，检查设计、工程质量是否符合要求，确保项目按设计要求的各项技术经济指标正常使用。

2. 通过竣工验收确定固定资产使用手续，可以总结工程建设经验，为提高建设项目的经济效益和管理水平提供重要依据。

3. 建设项目竣工验收是项目施工阶段的最后一个程序，是建设成果转入生产使用的标志，是审查投资使用是否合理的重要环节。

4. 建设项目建成投产交付使用后，能否取得良好的宏观效益，需要经过国家权威管理部门按照技术规范、技术标准组织验收确认。因此，竣工验收是建设项目转入投产使用的必要环节。

建设项目通过竣工验收后，由施工单位移交建设单位使用，并办理各种移交手续，这标志着建设项目全部结束，即建设资金转化为使用价值。建设项目竣工验收的主要任务有：建设单位、勘察和设计单位、施工单位分别对建设项目的决策和论证、勘察和设计以及施工的全过程进行最后的评价，对各自在建设项目进展过程中的经验和教训进行客观的评价。然后办理建设项目的验收和移交手续，并办理建设项目竣工结算和竣工决算，以及建设项目档案资料的移交和保修手续等。

（一）建设项目竣工验收的条件和程序

国务院 2000 年 1 月发布的第 279 号令《建设工程质量管理条例》规定，建设工程竣工验收应当具备以下条件：

①完成建设工程设计和合同约定的各项内容。

②有完整的技术档案和施工管理资料。

③有工程使用的主要建筑材料、建筑构配件和设备的进场试验报告。

④有勘察、设计、施工、工程监理等单位分别签署的质量合格文件。

⑤有施工单位签署的工程保修书。

根据国家规定，建设项目竣工验收、交付生产使用，必须满足以下要求：

①生产性项目和辅助性公用设施，已按设计要求完成。

②主要工艺设备配套经联动负荷试车合格，形成生产能力，能够生产出设计文件所规定的产品。

③必要的生产设施，已按设计要求建成。

④生产准备工作能适应投产的需要。

⑤环境保护设施、劳动安全卫生设施、消防设施已按设计要求与主体工程同时建成使用。

⑥生产性投资项目如工业项目的土建工程、安装工程、人防工程、管道工程、通信工程等工程的施工和竣工验收，必须按照国家和行业施工及验收规范执行。

建设项目全部建成，经过各单项工程的验收符合设计的要求，并具备竣工图表、竣工决算、工程总结等必要文件资料，由建设项目主管部门或建设单位向负责验收的单位提出竣工验收申请报告，按程序验收。竣工验收的一般程序如下：

1. 承包商申请交工验收

承包商在完成了合同工程或按合同约定可分步移交工程的，可申请交工验收。竣工验收一般为单项工程，但在某些特殊情况下也可以是单位工程的施工内容，诸如特殊基础处理工程、发电站单机机组完成后的移交等。承包商施工的工程达到竣工条件后，应先进行预检验，对不符合要求的部位和项目，确定修补措施和标准，修补有缺陷的工程部位；对于设备安装工程，要与甲方和监理工程师共同进行无负荷的单机和联动试车。承包商在完成了上述工作和准备好竣工资料后，即可向甲方提交竣工验收申请报告，一般由基层施工单位先进行自验、项目经理自验、公司级预验三个层次进行竣工验收预验收，亦称竣工预验，为正式验收做好准备。

2. 监理工程师现场初验

施工单位通过竣工预验收，对发现的问题进行处理后，决定正式提请验收，应向监理工程师提交验收申请报告，监理工程师审查验收申请报告，如认为可以验收，则由监理工程师组成验收组，对竣工的工程项目进行初验。对初验中发现的质量问题，要及时书面通知施工单位，令其修理甚至返工。

3. 正式验收

由业主或监理工程师组织，有业主、监理单位、设计单位、施工单位、工程质量监督站等参加的正式验收，工作程序是：

（1）参加工程项目竣工验收的各方对已竣工的工程进行目测检查和逐一核对工程资料所列内容是否齐备和完整。

（2）举行各方参加的现场验收会议，由项目经理对工程施工情况、自验情况和竣工情况进行介绍，并出示竣工资料，包括竣工图和各种原始资料及记录；由项目总监理工程师通报工程监理中的主要内容，宣布竣工验收的监理意见；业主根据在竣工项目中目测发现的问题，按照合同规定对施工单位提出限期处理意见；然后暂时休会，由质检部门会同业主及监理工程师讨论正式验收是否合格；最后复会，由业主或总监理工程师宣布验收结果，质检站人员宣布工程质量等级。

（3）办理竣工验收签证书，三方签字盖章。

（4）单项工程验收

单项工程验收又称交工验收，即验收合格后业主方可投入使用。

由业主组织的交工验收，主要依据国家颁布的有关技术规范和施工承包合同，对以下几方面进行检查或检验：

①检查、核实竣工项目及准备移交给业主的所有技术资料的完整性、准确性。

②按照设计文件和合同，检查已建工程是否漏项。

③检查工程质量、隐蔽工程验收资料、关键部位的施工记录等，考察施工质量是否达到合同要求。

④检查试车记录及试车中所发现的问题是否得到改正。

⑤在交工验收中发现需要返工、修补的工程，明确规定完成期限。

⑥其他涉及的有关问题。

经验收合格后，业主和承包商共同签署"交工验收证书"。然后由业主将有关技术资料和试车记录、试车报告及验收报告一并上报主管部门，经批准后该部分工程即可投入使用。验收合格的单项工程，在全部工程验收时，原则上不再办理验收手续。

（5）全部工程的竣工验收

全部工程的竣工验收指全部施工完成后，由国家主管部门组织的竣工验收，又称为动用验收，业主参与全部工程竣工验收。

整个建设项目进行竣工验收后，业主应及时办理固定资产交付使用手续。在进行竣工验收时，已验收过的单项工程可以不再办理验收手续，但应将单项工程交工验收证书作为最终验收的附件而加以说明。

（二）建设项目竣工验收的组织和职责

建设项目竣工验收的组织按国家计委关于《建设项目（工程）竣工验收办法》的规定执行。大中型和限额以上基本建设和技术改造项目（工程），由国家计委或国家计委委托项目主管部门、地方政府部门组织验收；小型和限额以下基本建设和技术改造项目（工程），由项目（工程）主管部门或地方政府部门组织验收。竣工验收要根据工程规模大小、复杂程度组成验收委员会或验收组。验收委员会或验收组由银行、物资、环保、劳动、消防及其他有关部门组成。建设单位，接管单位，施工单位，勘察、设计单位，监理、造价等单位及质检部门都要参加验收工作。

验收委员会或验收组的主要职责是：

1. 审查预验收情况报告和移交生产准备情况报告。

2. 审查各种技术资料，如项目可行性研究报告、设计文件、概预算，有关项目建设的重要会议记录，以及各种合同、协议、工程技术经济档案等。

3. 对项目主要生产设备和公用设施进行复验和技术鉴定，审查试车规格，检查试车准备工作，监督检查生产系统的全部带负荷运转，评定工程质量。

4. 处理交接验收过程中出现的有关问题。

5. 核定移交工程清单，签订交工验收证书。

6. 提出竣工验收工作的总结报告和国家验收鉴定书。

二、竣工验收阶段工程造价管理的内容

竣工验收阶段与工程造价相关的内容包括竣工结算的编制与审查、竣工决算的编制、保修费用的处理以及针对建成项目技术经济指标的后评价等。在这个阶段，无论是与施工企业的结算，还是企业自身的最终决算，都要科学及时办理，否则，将会影响竣工验收及交付使用，也会对是否能发挥投资的经济效益产生重大影响。

（一）竣工结算审查与处理

竣工结算是指承包方完成合同内工程的施工并通过了交工验收后，所提交的竣工结算书经过业主和监理工程师审查签证，送交经办银行或工程预算审查部门审查签认，然后由经办银行办理拨付工程价款手续的过程。竣工结算是承包人与业主办理工程价款最终结算的依据，是双方签订建筑安装工程承包合同终结的依据。同时，工程竣工结算是核定建设工程造价的依据，也是建设项目验收后编制竣工结算、核定新增资产价值的依据。因此，工程竣工结算应充分、合理的反映承包工程的实际价值。工程竣工后，建设单位应该会同监理工程师或委托有执业资格的造价审计事务所对施工单位所报送的竣工结算进行严格的审核，确保工程竣工结算能真实的反映工程的实际造价。我国的《工程价款结算办法》中对竣工结算审查的期限、审查部门等做了规定。

在实际操作中，应注意以下几个问题：

1. 应严格按照招标文件和合同条款处理结算问题，不得随意改变结算方式和方法。

2. 认真复核施工过程中出现的变更、施工签证、索赔事项及材料、设备的认价单，并将工程实际和市场价格进行对比分析，发现问题、追查落实、保证其公正性。

3. 将招标文件中工程量清单和报价单核对，审查结算编制的依据和各项资金数额的正确性。

《工程价款结算办法》规定：发包人收到承包人递交的竣工结算报告及完整的结算资料后，应在规定的期限（合同约定有期限的，从其约定）进行核实，给予确认或者提出修改意见，发包人根据确定的竣工结算报告向承包人支付工程竣工结算价款，保留 5% 左右的质量保证（保修）金，待工程交付使用一年质保期到后清算（合同另有约定的，从其约定），质保期内如有返修，发生费用应在质量保证（保修）金内扣除。当工程当事人对工程造价发生合同纠纷时，可通过下列办法解决：

1. 双方协商确定。

2. 按合同条款约定的方法提请调解。

3. 向有关仲裁机构申请仲裁或向人民法院起诉。

（二）竣工决算的分析

竣工决算是指所有建设项目竣工后，业主按照国家规定编制的决算报告。竣工决算是反映建设单位实际投资额即工程最终造价的文件，从中能全面反映工程建设投资计划的实际执行情况，通过竣工决算的各项费用数额与原计划投资的各项费用数额比较，可以得出量化的具体数据指标，以反映节约或超支的情况。同时，通过对设计概算、施工图预算、竣工决算的"三算分析"，能够直接反映出固定资产投资计划的完成情况和投资效果。在分析中，应主要比较以下内容，并总结经验教训，并为未来工程计价提供基础资料。

1. 主要实物工程量。对于实物工程量出入较大的情况，必须查明原因。

2. 主要材料消耗量。考核主要材料消耗量，要按照竣工决算表中所列明的三大材料实际超概算的消耗量，查明是在工程的哪个环节超出量最大，并进一步查明超耗原因。

3. 考核建设单位企业管理费、建筑及安装工程规费及措施费、利润和税金取费标准。根据竣工决算报表中所列的内容与概预算中所列的数额进行比较，依据规定查明是否多列或少列费用项目，确定其节约超支的数额，并查明原因。

（三）保修费用的处理

按照《中华人民共和国合同法》规定，建设工程施工合同内容包括工程质量保修范围和质量保证期。保修是指施工单位按照国家或行业现行的有关技术标

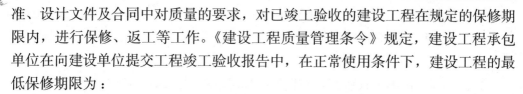

准、设计文件及合同中对质量的要求，对已竣工验收的建设工程在规定的保修期限内，进行保修、返工等工作。《建设工程质量管理条令》规定，建设工程承包单位在向建设单位提交工程竣工验收报告中，在正常使用条件下，建设工程的最低保修期限为：

1. 基础设施工程、房屋建筑的地基础和主体结构工程，为设计文件规定的该工程的合理使用年限。

2. 屋面防水工程、有防水要求的卫生间、房间和外墙面的防渗漏，为 5 年。

3. 供热与供冷系统，为 2 个采暖期、供冷期。

4. 电气管线、给排水管道、设备安装和装修工程，为 2 年。

5. 其他项目的保修期限由发包方与承包方约定。建设工程的保修期，自竣工验收合格之日起计算。

保修费用是指对建设工程在保修期限和保修范围内所发生的维修、返工等各项费用支出，保修费用应按合同和有关规定合理确定和控制。保修费用一般可参照建筑安装工程造价的确定程序和方法计算，也可以按建筑安装工程造价或承包商合同价的一定比例计算（如 5%）。

基于建筑安装工程情况复杂，不像其他商品那样单一，出现的质量缺陷和隐患等问题容，按照国家有关规定和合同要求与有关单位共同商定处理办法。

往往是由于多方面原因造成的。因此，在费用处理上应分清造成问题的原因及具体返修内容：

1. 勘察、设计原因造成保修费用的处理。由勘察、设计方面的原因造成的质量缺陷，由勘察、设计单位负责并承担经济责任，由施工单位负责维修或处理。

2. 施工原因造成的保修费用处理。施工单位未按国家有关规范、标准和设计要求施工，造成质量缺陷，由施工单位负责无偿返修并承担经济责任。

3. 设备、材料、构配件不合格造成的保修费用处理。因设备材料、构配件质量不合格引起的质量缺陷，属于施工单位采购的或经其验收同意的，由施工单位承担经济责任；属于建设单位采购的，由建设单位承担经济责任。

4. 用户使用原因造成的保修费用处理。因用户使用不当原因造成的质量缺陷，由用户自行负责。

5. 不可抗力原因造成的保修费用处理。因地震、洪水、台风等不可抗力造成的质量缺陷问题，施工单位和设计单位不承担经济责任，由建设单位负责处理。

三、工程计价争议处理

在工程计价中，对工程造价计价依据、办法以及相关政策规定发生争议事项的，由工程造价管理机构负责解释。

发包人对工程质量有异议，拒绝办理工程竣工结算的，已竣工验收或已竣工未验收但实际投入使用的工程，其质量争议按该工程保修合同执行，竣工结算按合同约定办理；已竣工未验收且未实际投入使用的工程以及停工、停建工程的质量争议，双方应就有争议的部分委托有资质的检测鉴定机构进行检测，根据检测结果确定解决方案，或按工程质量监督机构的处理决定执行后办理竣工结算，无争议部分的竣工结算按合同约定办理。

发、承包双方发生工程造价合同纠纷时，应通过下列办法解决：

1. 双方协商。

2. 提请调解。工程造价管理机构负责调解工程造价问题。

3. 按合同约定向仲裁机构申请仲裁或向人民法院起诉。

第六节　后评价阶段工程造价管理

一、项目后评价的概念和特点

（一）项目后评价的概念

广义的后评价是对过去的活动或现在正在进行的活动进行回顾、审查，是对某项具体决策或一组决策的结果进行评价的活动。后评价包括宏观和微观两个层面。宏观层面是对整个国民经济、某一部门或经济活动中某一方面进行评价，微观层面是对某个项目或一组项目规划进行评价。

项目后评价是微观层面上的概念，它是指在项目建成投产运营一段时间后，对项目的立项决策、建设目标、设计施工、竣工验收、生产经营全过程所进行的系统综合分析及对项目产生的财务、经济、社会和环境等方面的效益和影响及其持续性进行客观全面的再评价。通过项目后评价，全面总结投资项目的决策、实施和运营情况，分析项目的技术、经济、社会、环境影响，考察项目投资决策的正确性以及投资项目达到理想效果的程度，把后评价信息反馈到未来项目中去，为新的项目宏观导向、政策和管理程序反馈信息；同时分析项目在决策、实施、经营中出现的问题，总结经验教训，并提出改进意见与对策，从而达到提高投资效益的目的。

（二）项目后评价特点

项目后评价与前评价相比，一般具有以下特点：

1. 广泛性

任何大中型投资项目一般综合性都比较强，如兴建一个电力企业，其投资领

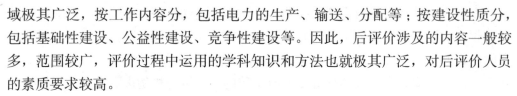

域极其广泛，按工作内容分，包括电力的生产、输送、分配等；按建设性质分，包括基础性建设、公益性建设、竞争性建设等。因此，后评价涉及的内容一般较多，范围较广，评价过程中运用的学科知识和方法也就极其广泛，对后评价人员的素质要求较高。

2. 特殊性

不同的投资项目，后评价的内容也各不相同，具有各自的特殊性。如电力企业以生产电力为主，大量的投资是用于电力工程新建、改造等项目，这类项目投资多、风险大，因而后评价必须有重点有针对地进行，才能起到监控投资决策、提高投资效益的目的。

3. 全面性

项目后评价需要对项目投资全过程和投产运营过程进行全面分析，从项目经济效益、社会效益和环境影响等诸多方面进行全面评价，所需的资料要收集齐全，包括设计任务书、计划任务书、前期论证、概（预）算、计划、项目施工情况的实际资料以及投产运营情况等资料。

4. 反馈性

项目后评价的最主要特点是具有反馈性。通过建立项目管理信息系统，对项目各个阶段的信息进行交流和反馈，为后评价提供资料，同时也把项目后评价的结果反馈到决策部门，作为新项目的立项和评估的基础，以及调整投资规划和政策的依据。

二、项目后评价阶段的工程造价考核指标

项目后评价阶段主要通过一些指标的计算和对比来分析项目实施中的造价偏差，从而衡量项目实际建设效果。

（一）项目前期和实施阶段后评估指标

1. 实际项目决策周期变化率

实际项目决策周期变化率表示实际项目周期与预计项目决策周期相比的变化程度，计算公式为：

项目决策周期变化率 =（实际项目决策周期 － 预计项目决策周期）/ 预计项目决策周期

2. 竣工项目定额周期率

竣工项目定额周期率反映项目实际建设工期与国家统一制定的定额工期或确定计划安排的计划工期的偏离程度，计算公式为：

竣工项目定额周期率 =（竣工项目实际工期）/ 竣工项目计划工期 ×100%

3. 实际建设成本变化率

实际成本变化率反映项目实际建设成本与批准预算所规定的建设成本的偏离程度，计算公式为：

实际项目成本变化率＝（实际建设成本－预计建设成本）/ 预计建设成本 ×100%

4. 实际投资总额变化率

实际投资总额变化率反映实际投资总额与项目前评估中预计的投资总额偏差的大小，计算公式为：

实际投资总额变化率＝（实际投资总额－预计投资总额）/（预计投资总额）×100%

（二）项目营运阶段后评估指标

1. 实际单位生产能力投资

实际单位生产能力投资反映竣工项目的实际投资效果，计算公式为：

实际单位生产能力投资＝（竣工验收项目实际投资总额）/（竣工验收项目实际生产能力）

2. 实际投资利润率

实际投资利润率是指项目达到实际生产后的年实际利润总额与项目实际投资的比率，也是反映建设项目投资效果的一个重要指标。

实际投资利润率＝（实际投资利润）/（实际投资总额）×100%

3. 实际投资利润变化率

实际投资利润变化率反映项目实际投资利润率与预测投资利润率的偏差。

实际投资利润变化率＝（实际投资利润率－预计投资利润率）/（预计投资利润率）×100%

4. 实际净现值（RNPV）

实际净现值（RNPV）是反映项目生命周期内获利能力的动态评价指标，表示项目投产后在一定基准折现率下的净现值。

$$RNPV = \sum_{i=0}^{n} \frac{RCI - RRC}{(1+i_k)^i}$$

式中：

$PNPV$ ——实际净现值；

RCI ——项目实际净现金流入；

RCO ——项目实际净现金流出；

i_k ——根据实际情况确定的折现率；

n ——项目生命周期。

5. 实际内部收益率（$RIRR$）

实际内部收益率（$RIRR$）是根据项目实际发生的净现金流计算的各年净现金流量现值为零的折现率。

$$\sum_{i=0}^{n} \frac{RCI - RCO}{(1 + RIRR)^i} = 0$$

第三章 建设项目工程造价咨询概述

第一节 工程造价咨询的基本概念

一、工程造价咨询的含义

广义的咨询活动涉及政治、经济、社会、军事、教育、文化、科技等各个领域，工程造价咨询是咨询的一个分支。

工程造价咨询是受客户委托，在规定时间内，充分利用准确、适用的信息，集中专家的群体客智慧和经验，运用现代科学理论及工程技术、工程造价确定与控制方法及相关的经济、管理、法律等方面的专业知识，为工程建设特别是工程项目的决策、设计、施工、管理提供智力服务。

工程造价咨询经历了从个体咨询、集体咨询到专业咨询和综合咨询的若干发展阶段。随着现代科技的革命和进步，经济社会活动日益复杂，咨询活动的规模日益扩大，复杂程度迅速增加。特别在经济全球化、信息化的推动下，新技术层出不穷，技术手段和方法日新月异，从而使个别的、分散的咨询活动发展成为专业性的、集中的群体活动，工程造价咨询扩展到国民经济的各个领域的各个层次，涵盖投资前期决策、设计、施工和竣工验收的全过程。靠单一学科、单一技术和单一方法已经不能解决所遇到的各种问题，需要运用多种专业知识和新技术，包括自然科学、社会科学和工程技术、经济等知识的综合运用。要运用系统、动态的观念，采取科学的分析方法和步骤，以最终得出符合客观规律的科学见解、结论和建议。工程造价咨询具有综合性、系统性和跨学科等特点。因此，现代工程造价咨询方法与理论是融合工程、技术、经济、管理、财务和法律等专业知识和分析方法在工程造价咨询领域的综合运用，并通过众多的工程造价咨询机构和大批造价工程师，在长期的工程造价咨询实践和研究中不断总结、不断创新发展出来的方法体系和理论系统。

认识来源于实践，学习和正确运用现代工程造价咨询的一些方法、理论可以使工程造价咨询工程师提高工程造价咨询的质量和效率，还可以不断推动工程造价咨询理论和技术方法的发展。

二、工程造价咨询业的原则和特点

（一）工程造价咨询业的含义

工程造价咨询业是智力服务性行业，运用多种学科知识和经验、现代科学技术管理方法，遵循独立、科学、公正的原则，为政府部门和投资者对工程建设和工程项目的投资决策、实施等提供咨询服务，合理确定和有效控制工程造价，提高投资效益。

工程造价咨询机构简单的定义是，为经济建设和工程项目的决策与实施提供全过程咨询服务的中介机构。我国工程造价咨询单位一般是指依据国家法律、规定设立的，取得《工程造价咨询单位资质证书》，具有独立法人资格的企业单位。它是建设市场主体之一，属于社会中介机构，在建设市场中为业主、承包商及有关各方提供工程造价控制和管理的专业服务。

工程造价咨询业是服务业，属第三产业。

（二）工程造价咨询的原则

1. 独立

独立是工程造价咨询的第一属性，即造价工程专业人员独立于客户而展开工作。独立性是社会分工要求咨询行业必须具备的特性，是其合法性的基础。工程造价咨询机构或个人不应隶属或依附于客户，而是独立自主的，在接受客户委托后，应独立进行分析研究，不受外界的干扰或干预，向客户提供独立、公正的咨询意见和建议。

2. 科学

科学是指以知识和经验为基础为客户提供解决方案。工程造价咨询所需的是多种专业知识和大量的信息资料，包括自然科学、社会科学、工程技术知识和工程造价知识。多种知识的综合应用是工程造价咨询科学化的基础。同时，经验是实现工程造价咨询科学性的重要保障。技术知识的开发和说明不是咨询服务，只有运用技术知识解决工程实际问题才是咨询服务。知识、经验、能力和信誉是工程造价咨询科学性的基本要素。工程造价咨询业务是一项技术性、经济性和政策性很强的工作，其科学性不仅在于业务本身符合工程技术客观规律的要求，而且要求业务符合政策规定，遵循经济规律，满足客户的需求。

3. 公正

公正是指工程造价咨询应该维护全局和整体利益，要有宏观意识，坚持可持续发展的原则。在调查研究、分析问题、做出判断和提出建议的时候要客观、公平和公正，遵守职业道德，坚持工程造价咨询的独立性和科学态度。

（三）工程造价咨询业的特点

工程造价咨询业是为经济建设和投资项目提供服务的，它具有如下一些特点：

1. 工程造价咨询服务实际上是完成客户委托的任务。这是因为工程建设本身也是一项任务，房屋建筑和市政基础设施建设完成，其建设项目也就结束了。

2. 工程造价咨询的每一项任务都是一次性、单独的任务，不可能像物质产品那样批量生产。这是由于建设工程本身具有唯一性确定的，建筑产品没有重复或相同的。

3. 工程造价咨询任务可大可小，可以全过程提供工程造价咨询，也可以只就某一项工作进行咨询。其内容和难度都不确定，因而完成任务可以由一人完成，也可以由百人或上千人去完成，有的可以由一个咨询单位完成，有的需要若干个咨询单位合作完成。

4. 工程造价咨询工作涉及面比较广，包括政治、经济、技术、自然、政策与文化环境等各方面，影响质量的因素多，不确定因素多，变数大。

5. 工程造价咨询的时效性很强，时间是构成咨询成果质量要求的一部分。

6. 工程造价咨询工作的程序有些可以固定操作，有些不固定操作，允许有一定工作弹性。

7. 工程造价咨询过程不是以物流为中心而是以智力活动为中心。咨询质量的好坏，取决于信息、知识、经验的集成和创新。

8. 工程造价咨询受建设工程复杂性、不确定性的影响，咨询工作必须充分分析、研究各方面的约束条件和风险，以及影响工程造价的市场因素。因此，咨询成果的质量，特别是建设前期工程造价咨询成果的质量，在很大限度上决定于对各项约束条件和影响因素分析的深度和广度，只要工作的深度和广度符合标准就合乎要求，工程造价确定和投资控制也就符合要求。

9. 工程造价咨询方法是定性分析与定量分析相结合，静态分析与动态分析相结合，统计分析与预测分析相结合。

10. 一般物质产品，在批量生产以后，大多要经过批发环节才与顾客见面，而工程造价咨询产品没有批发环节，产销直接见面，适应客户的个性化要求。

11. 工程造价咨询成果。有些是预测性的，需经受时间的考证，有些表现为层次性。一个工程项目往往含有多项能够独立发挥设计效能的单项工程（车间、写字楼、住宅楼等），一个单项工程又是由能够各自发挥专业效能的多个单位工程（土建工程、电气安装工程等）组成。与此相适应，工程造价有多个层次，工程造价咨询成果也具有层次性。

12. 工程造价咨询成果的个别性、差异性。任何一项工程都有特定的用途、功能、规模。因此，对每一项工程的结构、造型、空间分割、设备配置和内外装饰都有具体的要求，所以工程内容和实物形态都具有个别性、差异性。产品的差异性决定了工程造价的个别性差异。另一方面，不同的咨询者，因咨询的方法和咨询的信息基础不同，其工程造价的确定也有着区别。

工程造价的个别性、差异性决定了工程造价咨询成果的差异性和个别性。

第二节　工程造价咨询与工程造价

一、工程造价的概念

工程造价是建设工程造价的简称，是工程费用、工程价格的统称。工程造价具有特定的含义，与工程造价相关的活动内容则更为丰富。下面重点介绍工程造价的概念以及相关的活动内容。

（一）工程造价的含义

工程造价在不同场合有着不同的含义，它可以指建设工程造价或建筑安装工程造价，也可以指其他相应含义。工程造价的直接意思就是工程的建造价格，特殊情况下有其特定含义。

在工程建设中，一般有以下两种特定含义。

1. 工程造价是指建设一项工程预期开支或实际开支的全部固定资产投资费用的总和，也就是一项工程通过建设形成相应的固定资产、无形资产所需用一次性费用的总和。它包括建筑安装工程费用、设备、工器具购置费用和其他费用等。显然，这种含义是从投资者的角度来定义的。投资者选定一个投资项目，为了获得预期的效益，就要通过项目评估进行决策，然后通过设计招标、施工招标、施工直至竣工验收等一系列投资管理活动。在这个活动中所支付的全部费用，逐步形成了固定资产和无形资产，与此相关活动的开支便构成了工程造价。

2. 工程造价是指工程价格，即为建成一项工程，预期或实际在土地市场、建筑市场、技术劳务市场以及承包市场等交易活动中所形成的建筑安装工程的价格和建设工程总价格。在这里上述费用多数是以价格为基础构成的。这种含义是以市场经济为前提的，是以工程这种特定的商品形式作为交易对象，通过建设工程招投标、承发包或其他交易方式，在进行多次性预计的基础上，最终由市场形成价格。在这里，工程的范围和内涵既可以是涵盖范围很广的大型建设项目，也可以是一个单项工程（如图书馆、办公综合楼等），甚至可以是一个单位工程如建筑工程、安装工程、装饰工程，或者其中的某几个组成部分，如土方工程、桩基础工程、楼地面工程等。随着社会技术的进步，分工的细化和市场的完善，工程建设中的中间产品也会越来越多，工程类型、建筑产品这个特殊商品交换会更加频繁、复杂，其工程价格的种类和形式也会更加丰富。有的为半成品（如建筑结构），有的为成品（如普通工业厂房、仓库、写字楼、公寓等），有的为工程一部分，如道路、桥梁或其他基础设施，有的为工程全部，包括建筑、装饰、设备安装及相关辅助工程，甚至包括土地。

一般把工程造价的第二种含义只认定为工程承发包价格。应该肯定，承发包价格是工程造价中一种重要的，也是最典型的价格形式。它是在建筑市场通过招投标，由需求主体投资者和供给主体建筑商共同认可的价格。鉴于建筑安装工程价格在建设项目固定资产投资中所占份额较大，而且是极为常见的价格；同时因建筑施工企业是建设工程中的重要实施者。在建筑市场中占有主体地位，工程造价被界定为工程价格，具有非常现实的意义，也具有市场调节含义。但是，定义为工程价格，对工程而言，其复杂的构成似乎把工程造价的含义理解较狭窄。

工程造价的两种含义是从不同角度揭示了同一事物的本质。从建设工程的投资者来说，面对市场经济条件下的工程造价就是项目投资，是"购买"项目要付出的价格；同时也是投资者在作为市场供给主体时"出售"项目时定价的基础。对于承包商、供应商和规划、设计等机构来说，工程造价是他们作为市场供给主体出售商品和劳务价格的总和，或是特指一定范围的工程造价，如建筑安装工程造价。

工程造价的两种含义是对客观存在的概括。它们既是共生于一个统一体，又是相互区别的。最主要的区别在于需求主体和供给主体在市场追求的经济利益不同，因而管理的性质和管理目标不同。从管理性质看，前者属于投资管理范畴，后者属于价格管理范畴。但二者又互相交叉。从管理目标看，作为项目投资或投资费用，投资者在进行项目决策和项目实施中，首先追求的是决策的正确性。投资是一种为实现预期收益而垫付资金的经济行为，项目决策是重要一环。项目决策中投资数额的大小、功能和价格（成本）比是投资决策的最重要的依据。其次，在项目实施中完善项目功能、提高工程质量、降低投资费用、按期或提前交付使用，是投资者始终关注的问题。因此降低工程造价是投资者始终如一的追求。作为工程价格，承包商所关注的是高额利润，为此，追求的是较高的工程造价。不同的管理目标，反映他们不同的经济利益，但他们都要受支配价格运动的那些经济规律的影响和调节。他们之间的矛盾正是市场的竞争机制和利益风险机制的必然反映。

区别工程造价的两种含义的理论意义在于，为投资者和以承包商为代表的供应商在工程建设领域的市场行为提供理论依据。当政府提出降低工程造价时，是站在投资者的角度充当着市场需求主体的角色；当承包商提出要提高工程造价，提高利润率，并获得更多的实际利润时，他们是要实现一种市场供给主体的管理目标。这是市场运行机制的必然，不同的利益主体绝不能混为一谈。同时，两种含义也是对单一计划经济理论的一个否定和反思。区别两种含义的现实意义在于，为实现不同的管理目标，不断充实工程造价的管理内容，完善管理方法，更好地为实现各自的目标服务，从而有利于推动全面的经济增长。

（二）工程造价的特点

由于建筑产品具有固定性、多样性、整体性的特点，工程造价具有下面几个特点：

1.工程造价的大额性、模糊性

能够发挥投资效用的任何一项工程，不仅建筑实物形体庞大，而且造价数额较大，动辄数百万、数千万、数亿，特大项目的工程造价可达百亿、千亿元。工程造价的大额性使它关系到有关各方面的重大经济利益；同时也会对宏观经济产生重大影响。另一方面，工程造价的确定并非简单过程，而是涉及多个阶段，各个方面经济政策、计算方法和计算依据不同，其数额有着较大不同，即使是同一方法、同一依据，在同一时间，其结果也有差异，因此可以说工程造价是一个相对准确的数。由于它的模糊性，人们才引起足够的重视。

2.工程造价的个别性、差异性

任何一项工程都有特定的用途、功能、规模。因此对每一项工程的结构、造型、空间分割、设备配置和内外装饰都有具体的要求，所以工程内容和实物形态都具有个别性、差异性。产品的差异性决定了工程造价的个别差异。同时每项工程所处地区、地段都不相同，使这一特点得到强化。

3.工程造价的动态性

任何一项工程从决策到竣工交付使用，都有一个较长的建设周期，而且还有许多不可控因素的影响。在预计工期内，许多影响工程造价的动态因素，如工程变更、设备材料价格、工资标准以及费率、利率、汇率会发生变化。这种变化必然会影响到造价的变动。所以，工程造价在整个建设期间处于不确定状态，直至竣工决算后才能最终确定工程的实际造价。

4.工程造价的层次性

工程造价的层次性取决于工程的层次性。一个工程项目往往含有多项能够独立发挥设计效能的单项工程（车间、写字楼、住宅楼等）。一个单项工程又是由能够各自发挥专业效能的多个单位工程（土建工程、电气安装工程等）组成。与此相适应，工程造价有 3 个层次：建设项目总造价、单项工程造价和单位工程造价。如果专业分工更细，单位工程（如土建工程）的组成部次就增加分部工程和分项工程而成为 5 个层次。即使从造价的计算和工程管理的角度看，工程造价的层次性也是非常突出的。

5. 工程造价的兼容性

工程造价的兼容性首先表现在它具有两种含义，其次表现在工程造价构成因素的广泛性和复杂性。在工程造价中，首先，成本因素非常复杂。其中为获得建设工程用地支出的费用、项目科研和规划设计费用、与政府一定时期政策（特别是产业政策和税收政策）相关的费用占有相当的份额。另外，盈利的构成也较为复杂，资金成本较大。

（三）工程造价的职能

工程造价的职能既是价格职能的反映，也是价格职能在这一领域的特殊表现。

工程造价的职能除一般商品价格职能以外，它还有自己特殊的职能。

1. 预测职能

工程造价的大额性和多变性，无论是投资者或是建筑商都要对拟建工程进行预先测算。

投资者预先测算工程造价不仅作为项目决策依据，同时也是筹集资金、控制造价的依据。承包商对工程造价的测算，既为投标决策提供依据，也为投标报价和成本管理提供依据。

2. 控制职能

工程造价的控制职能表现在两方面：一方面是它对投资的控制，即在投资的各个阶段，根据对工程造价的多次性预估，对工程造价进行全过程多层次的控制；另一方面，是对以承包商为代表的商品和劳务供应企业的成本控制。价格在一定的条件下，企业实际成本开支决定企业的盈利水平。成本越高盈利越低，成本高于价格就危及企业的生存。所以企业要以工程造价来控制成本，利用工程造价提供的信息资料作为控制成本的依据。

3. 评价职能

工程造价是评价总投资和分项投资合理性和投资效益的主要依据之一。在评价土地价格、建筑安装产品和设备价格的合理性时，就必须利用工程造价资料；在评价建设项目偿贷能力、获利能力和宏观效益时，也可以依据工程造价。工程造价也是评价建筑安装企业管理水平和经营成果的重要依据。

4. 调控职能

工程建设直接关系到经济增长，也直接关系到国家重要资源分配和资金流向，对国计民生都产生重大影响。所以国家对建设规模、结构进行宏观调控是在任何条件下都不可缺少的，对政府投资项目进行直接调控和管理也是非常必要的。这些都要用工程造价作为经济杠杆，对工程建设中的物质消耗水平、建设规模、投资方向等进行调控和管理。

工程造价所有上述特殊功能，是由建设工程自身特点决定的，但在不同的经济体制下这些职能的实现情况很不相同。在单一计划经济的体制下，工程造价的职能很难得到实现，只有在社会主义市场经济体制下，才能为工程造价的职能充分发挥提供极大的可能。这是由于：在单一计划体制和产品经济的模式下，工程造价的价格职能受到削弱，表现为价格大大低于价值，价值在交换中得不到完全实现。在这种情况下工程造价的其他职能也不能得到正常发挥。例如当政府作为工程项目的投资主体，投资来源基本上是单一财政投资时，价格宏观导向的着眼点，必然是降低项目的投资费用。由于体制的原因，价格管理的重点必然在如何降低建筑安装工程费用上。在这种情况下，政府的宏观调控，实质上不过是政府作为投资者对工程建设成本的单向调节和控制，它既不能实现建设工程价格的表价职能，也不能顺利和正常地实现其调节职能。在实现核算职能时也不能真实地反映出工程建设中劳动的投入和产出；在实现预测和评价职能时，反映出来的结果也只能是一种不真实的扭曲的现象。由此也说明认识工程造价两种含义的重要性。

工程造价职能实现的条件，最主要的是市场竞争机制的形成。在现代市场经济中，要求市场主体要有自身独立的经济利益，并能根据市场信息（特别是价格信息）和利益取向来决定其经济行为。无论是购买者还是出售者，在市场上都处于平等竞争的地位，他们都不可能单独地影响市场价格，更没有能力单方面决定价格。价格是按市场供需变化和价值规律运行的：需求大于供给，价格上扬；供给大于需求，价格下跌。作为买方的投资者和作为卖方的建筑安装企业，以及其他商品和劳务的提供者，是在市场竞争中根据价格变动，根据自己对市场走向的判断来调节自己的经济活动。这种不断调节使价格总是趋向价值基础，形成价格围绕价值上下波动的基本运动形态。也只有在这种条件下价格才能实现它的基本职能和其他各项职能。所以，建立和完善市场机制，创造平等竞争的环境是十分迫切而重要的任务。具体来说，投资者和建筑安装企业等商品和劳务的提供者首先要从原有的体制束缚中摆脱出来，使自己真正成为具有独立经济利益的市场主体，能够了解并适应市场信息的变化，能够做出正确的判断和决策。其次，要给建筑安装企业创造出平等竞争的条件，使不同类型、不同所有制、不同规模、不同地区的企业，在同一项工程的投标竞争中处于同样平等的地位。为此就要规范建筑市场和规范市场主体的经济行为。第三，要建立完善的、灵敏的价格信息系统。

建设工程价格职能的充分实现，为国民经济的发展将会起到多方面的良好作用。

二、工程建设与工程造价

工程造价贯穿于工程建设全过程中，是工程建设活动中的重要内容之一。

（一）工程造价的计价特征

由于工程造价的特点，决定了工程造价的计价特征。

1. 单件性计价特征

产品的个体差别决定每项工程都必须单独计算造价。

2. 多次性计价特征

建设工程周期长、规模大、造价高，因此按建设程序要分阶段进行，相应地也要在不同阶段多次性计价，以保证工程造价确定与控制的科学性。多次性计价是个逐步深化、逐步细化和逐步接近实际造价的过程。

3. 组合性特征

工程造价的计算是分部组合而成。这一特征和建设项目的组合性有关。一个建设项目是一个工程综合体。这个综合体可以分解为许多有内在联系的、独立和不能独立的工程。

4. 方法的多样性特征

适应多次性计价有各不相同计价依据，以及对工程造价的不同精确度要求，计价方法有多样性特征。计算和确定概、预算造价有两种基本方法，即单价法和实物法。计算和确定投资估算的方法有设备系数法、生产能力指数估算法等。不同的方法利弊不同，适应条件也不同，所以计价时要加以选择。

5. 依据的复杂性特征

影响造价的因素多，计价依据复杂，种类繁多。主要可分为7类：

（1）计算设备和工程量依据。包括项目建议书、可行性研究报告、设计文件等。

（2）计算人工、材料、机械等实物消耗量依据。包括投资估算指标、概算定额、预算定额、各种估价表等。

（3）计算工程单价的价格依据。包括人工单价、材料价格、材料运杂费、机械台班费等。

（4）计算设备单价依据。包括设备原价、设备运杂费、进口设备关税等。

（5）计算其他直接费、现场经费、间接费和工程建设其他费用依据，主要是相关的费用定额和指标。

（6）政府规定的税、费。

（7）物价指数和工程造价指数。

依据的复杂性不仅计算过程复杂，而且要求计价人员熟悉各类依据，并加以正确利用。

（二）各个阶段的工程造价

在工程建设各个阶段，工程造价的确定有着不同的表现形式和内容，其计算方法和过程都有所不同。对应各个阶段，其工程造价有所不同。

1. 投资估算

在编制项目建议书和可行性研究阶段，对投资需要量进行估算是一项不可缺少的组成内容。投资估算是指在项目建议书和可行性研究阶段对拟建项目所需投资，通过编制估算文件预先测算和确定的过程。也可表示估算出的建设项目的投资额，或称估算造价。就一个工程项目来说，如果项目建议书和可行性研究分不同阶段，例如，分规划阶段、项目建议书阶段、可行性研究阶段、评审阶段，相应的投资估算也分为 4 个阶段。投资估算是决策、筹资和控制造价的主要依据。

2. 概算造价

指在初步设计阶段，根据设计意图，通过编制工程概算文件预先测算和确定的工程造价。概算造价较投资估算造价准确性有所提高，但它受估算造价的控制。概算造价的层次性十分明显，分建设项目概算总造价、各个单项工程概算综合造价、各单位工程概算造价。

3. 修正概算造价

指在采用三阶段设计的技术设计阶段，根据技术设计要求，通过编制修正概算文件预先测算和确定的工程造价。它对初步设计概算进行修正调整，比概算造价准确，但受概算造价控制。

4. 预算造价

指在施工图设计阶段，根据施工图纸，通过编制预算文件，预先测算和确定的工程造价。它比概算造价或修正概算造价更为详尽和准确。但要受前一阶段所确定的工程造价的控制。

5. 合同价

指在工程招投标阶段，通过签订总承包合同、建筑安装工程承包合同、设备材料采购合同以及技术和咨询服务合同确定的价格。合同价属于市场价格的性质，它是由承、发包双方，即商品和劳务买卖双方，根据市场行情共同议定和认可的成交价格，但它并不等同于实际工程造价。按计价方法不同，建设工程合同有许多类型。不同类型合同的合同价内涵也有所不同。按现行有关规定的 3 种合同价形式是：固定合同价、可调合同价和工程成本加酬金确定合同价。

6. 结算价

是指在合同实施阶段，在工程结算时按合同调价范围和调价方法，对实际发生的工程量增减、设备和材料价差等进行调整后计算和确定的价格。结算价是该结算工程的实际价格。

7. 实际造价

是指竣工决算阶段，通过为建设项目竣工决算，最终确定实际工程造价。

三、各个阶段的工程造价咨询

工程造价贯穿于工程建设各个阶段中，那么工程造价咨询也同样贯穿于工程建设全过程中。工程造价咨询的重要内容是工程造价的确定与控制，对应在各个阶段工程造价咨询的内容也有所不同。

（一）从工程造价确定角度看各个阶段工程造价咨询

所谓工程造价的合理确定，就是在建设程序的各个阶段，合理确定投资估算、概算造价、预算造价、承包合同价、结算价、竣工决算价。

1. 在项目建议书阶段，工程造价咨询的内容应是按照有关规定，编制初步投资估算。经有关部门批准，作为拟建项目列入国家中长期计划和开展前期工作的控制造价。

2. 在可行性研究阶段，工程造价咨询的内容应是按照有关规定，编制投资估算，完成的投资估算书经有关部门批准，作为该项目的控制造价。

3. 在初步设计阶段，按照有关规定编制的初步设计总概算，完成的概算书经有关部门批准，即作为拟建项目工程造价的最高限额。对初步设计阶段，实行建设项目招标承包制签订承包合同协议的，其合同价也应在最高限价（总概算）相应的范围以内。

4. 在施工图设计阶段，按规定编制施工图预算，经审查的施工图预算书，用以核实施工图阶段预算造价是否超过批准的初步设计概算。

5. 对以施工图预算为基础招标投标的工程，承包合同价也是以经济合同形式确定的建筑安装工程造价。

6. 在工程实施阶段要按照承包方实际完成的工程量，以合同价为基础；同时考虑因物价上涨所引起的造价提高，考虑到设计中难以预计的而在实施阶段实际发生的工程费用，合理确定结算价。

7. 在竣工验收阶段，全面汇集在工程建设过程中实际花费的全部费用，编制竣工决算，客观真实地体现该建设工程的实际造价。

（二）从工程造价控制角度看各个阶段工程造价咨询

所谓工程造价的有效控制，就是在优化建设方案、设计方案的基础上，在建设程序的各个阶段，采用一定的方法和措施，把工程造价的发生控制在合理的范围和核定造价限额以内。具体说，要用投资估算价控制设计方案的选择和初步设计概算造价；用概算造价控制技术设计和修正概算造价；用概算造价或修正概算造价控制施工图设计和预算造价。以求合理使用人力、物力和财力，取得较好的投资效益。控制造价在这里强调的是控制项目投资。

1. 在项目建议书阶段，编制项目规划、投资机会研究报告，通过规划论证与评估，反复细致地推敲工程项目初步投资估算。

2. 在可行性研究阶段，工程造价咨询仍然按照项目建议书的要求，结合初步投资估算，控制工程项目投资估算。

3. 在初步设计阶段，工程项目进入准备阶段，相关费用相对来说比较好确定，按规定要求编制初步设计概算，优化工程建设方案，可以说是工程造价控制的一个关键阶段。这时工程项目投资已做出决策，其投资估算应作为控制初步设计概算的重要依据。

4. 在施工图设计阶段，工程项目进入详细设计或扩充设计阶段，它是工程造价控制的最关键阶段，工程造价咨询应认真做好工程设计方案的价值分析，编好工程设计概算，通过初步概算来控制工程造价。

长期以来，我国普遍忽视工程建设项目前期工作阶段的造价控制，而往往把控制工程造价的主要精力放在施工阶段——审核施工图预算、结算建安工程价款，算细账。这样做尽管也有效果，但毕竟是"亡羊补牢"，事倍功半。要有效地控制建设工程造价，就要坚决地把控制重点转到建设前期阶段上来，当前尤其应抓住设计这个关键阶段，以取得事半功倍的效果。

5. 进入工程实施阶段，工程造价咨询的内容非常丰富，从工程造价控制角度来看，工程施工方案的优化，工程项目管理、监理等是控制造价的一些手段，其内容必须通过设计概算或施工图预算来控制。工程造价咨询者应积极参与承包合同谈判，对工程项目及时做出监测与绩效评价。

6. 在完工阶段，工程造价咨询者认真编制工程结决算，反复比较工程概预算、承包合同价，分析其价格调整的原因，并认真做好工程项目后评价工作。

总之，做好有效的工程造价控制，除针对各个阶段不同特点采取相应措施外，还要做到以下两点：

（1）主动控制，以取得令人满意的结果。一般说来，造价工程师基本任务是对建设项目的建设工期、工程造价和工程质量进行有效的控制，为此，应根据业主的要求及建设的客观条件进行综合研究，实事求是地确定一套切合实际的衡量准则。只要造价控制方案符合这套衡量准则，取得令人满意的结果，应该说造价控制达到了预期的目标。

长期以来，人们一直把控制理解为目标值与实际值的比较，以及当实际值偏离目标值时，分析其产生偏差的原因，并确定下一步的对策。在工程项目建设全过程进行这样的工程造价控制当然是有意义的。但问题在于，这种立足于调查—分析—决策基础之上的偏离—纠偏—再偏离—再纠偏的控制方法，只能发现偏离，不能使已产生的偏离消失，不能预防可能发生的偏离，因而只能说是被动控制。自20世纪70年代初开始，人们将系统论和控制论研究成果用于项目管理后，将"控制"立足于事先主动地采取决策措施，以尽可能地减少以及避免目标值与实际值的偏离，这是主动的、积极的控制方法，因此被称为主动控制。也就是说，我们的工程造价控制，不仅要反映投资决策，反映设计、发包和施工，被动地控制工程造价，更要能主动地影响投资决策，影响设计、发包和施工，主动地控制工程造价。

（2）技术与经济相结合是控制工程造价最有效的手段。要有效地控制工程造价，应从组织、技术、经济等多方面采取措施。从组织上采取的措施，包括明确项目组织结构，明确造价控制者及其任务，明确管理职能分工；从技术上采取措施，包括重视设计多方案选择，严格审查监督初步设计、技术设计、施工图设计、施工组织设计，深入技术领域研究节约投资的可能；从经济上采取措施，包括动态地比较造价的计划值和实际值，严格审核各项费用支出，采取对节约投资有力的奖励措施等。

应该看到，技术与经济相结合是控制工程造价最有效的手段。长期以来，在我国工程建设领域，技术与经济相分离。许多国外专家指出，中国工程技术人员的技术水平、工作能力、知识面，跟外国同行相比几乎不分上下，但他们缺乏经济观念，设计思想保守，设计规范、施工规范落后。国外的技术人员时刻考虑如何降低工程造价，而中国技术人员则把它看成与己无关的财会人员的职责。而财会、概预算人员的主要责任是根据财务制度办事，他们往往不熟悉工程知识，也较少了解工程进展中的各种关系和问题，往往单纯地从财务制度角度审核费用开支，难以有效地控制工程造价。为此，在工程建设过程中应把技术与经济有机结合，强化提高工程造价效益的意识。通过技术比较、经济分析和效果评价，正确处理技术先进与经济合理两者之间的对立统一关系，力求在技术先进条件下的经济合理，在经济合理基础上的技术先进，把控制工程造价观念渗透到各项设计和施工技术措施之中。

第三节　工程造价咨询构成要素

如果在业内我们仔细地深思一下，会发现许多活动都是由主体、客体和中间体构成。对于工程造价咨询而言，构成它的重要因素有三个，即工程造价咨询的主体就是工程造价咨询机构，工程造价咨询的客体就是客户，而中间体则为工程造价信息。这三个方面构成工程造价咨询的三大要素，缺一工程造价咨询活动就不能成立。

一、工程造价咨询机构

工程造价咨询机构是承担工程造价咨询活动的社会组织，而在我国所有从事中介服务活动的工程造价咨询机构，经过几年的实践，一般情况下都与其挂靠单位脱钩，转为独立的合伙制中介机构，都是属于民营的工程造价咨询机构。工程造价咨询有不同的类型，不同的业务范围和不同的形式，因而，工程造价咨询机构也具有多种多样的模式。从主要经营范围来分，可分为工程项目招投标活动的咨询代理、全过程工程造价咨询、阶段性工程造价咨询、工程造价软件咨询服务、工程造价信息网咨询服务、工程造价管理政策咨询等不同业务范围的咨询服务。不管涉及哪个业务范围，对于一个工程造价咨询机构来说，人力资源都是它们的精髓。在这样一个专业性很强的工程造价领域里，工程造价咨询机构都不大可能配备齐全工程造价咨询客户需求所涉及的所有技术人员，因此，工程造价咨询机构应重视建立工程造价咨询专家网络，充分发掘各类工程造价咨询专家的经验和智慧，为工程造价领域提供优质的工程造价咨询服务。

二、工程造价咨询客户

工程造价咨询客户，又称为工程造价咨询委托方，是工程造价咨询机构的服务对象，是工程造价咨询活动链的开始和最终，是具有工程造价咨询需求并与工程造价咨询机构签署咨询合同或协议的个人或组织。由于工程造价咨询需求的不同，往往形成不同的咨询客户群，按照我国工程造价管理活动情况，工程造价咨询客户可分为政府部门和公共团体、建设单位或业主、施工企业和其他组织，也可根据工程造价不同专业委托咨询情况来分。工程造价咨询活动是一种双向交流，工程造价咨询必然是委托的，工程造价咨询客户提出委托，工程造价咨询机构接受委托所做的工作才能称为工程造价咨询，所以建立良好的合作关系是双方共同努力的结果，除了工程造价咨询人员的主动服务外，工程造价咨询客户也应该按照自己的权益和义务，进行积极配合。我们可以看出，工程造价咨询活动的构成必须要有工程造价咨询机构和工程造价咨询客户来担当主、客体。作为主体服务方的工程造价咨询机构，在作为客体需求方的工程造价咨询客户的委托之下，从事的工程造价问题解答活动就是工程造价咨询。

三、工程造价信息

在确定了工程造价咨询活动构成的主、客体两大要素后，掌握工程造价信息源也是工程造价咨询活动构成的必不可少的一大要素。我们知道，在实施工程造价管理活动中，任何一项工程造价决策，都离不开工程造价信息的支持，当工程造价咨询客户的需求超出工程造价咨询机构所掌握的工程造价信息的前提下，了解足够的工程造价信息源是必要的，这对于随时查找所需工程造价信息，满足工程造价咨询客户咨询需求是十分有利的。在工程造价咨询活动中，作为工程造价咨询机构就是通过广泛地、系统地收集大量相关工程造价信息，并对这些工程造价信息进行整序、加工、处理和分析，融入个人的工程造价专业知识，运用某些方法和技能，为工程造价咨询客户寻找最佳解决方案。所以，任何一项工程造价咨询活动都少不了工程造价信息这个最基础、最根本的要素，它与工程造价咨询机构、工程造价咨询客户一起构成工程造价咨询活动的三大要素。

第四节　工程造价咨询的程序和要领

工程造价咨询是一项追求实效的有关工程造价行为活动，因此，一切应从实际出发，综合考量客户组织的性质类型、环境条件和工程造价咨询问题的性质，兼顾工程造价咨询机构的实际情况，采取适用的工作步骤和程序。各个工程造价咨询的运作方式和运作程序没有一个固定不变的模式，因此不可能形成一个统一的业务运作方式和业务运作程序。工程造价咨询企业在建立工程造价咨询项目管理程序中，应该努力厘清业务运作的一般方式和组织机构的常规业务流程，大量工程造价咨询业务运作的实践经验告诉我们，实际工程造价咨询业务运作一般都是在共同的基本程序和步骤的基础上，针对具体工程造价咨询业务运作的情况进行微调和修正。

一、工程造价咨询的基本程序

根据中国建设工程造价管理协会制定的《工程造价咨询业务操作指导规程》，对工程造价咨询的基本程序按工程造价咨询活动的思维过程，结合实际情况，

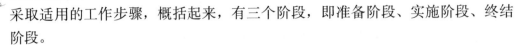

采取适用的工作步骤，概括起来，有三个阶段，即准备阶段、实施阶段、终结阶段。

（一）工程造价咨询准备阶段

工程造价咨询企业接到委托人的工程造价咨询委托后，双方经过协商，就可以开始进行工程造价咨询准备阶段的步骤，主要是签订工程造价咨询合同、制订工程造价咨询实施方案、配置工程造价咨询业务操作人员和工程造价咨询资料的收集整理等工作，工程造价咨询准备阶段的工作步骤。

1. 签订工程造价咨询合同

工程造价咨询企业接受委托人的工程造价咨询委托后，双方可进一步协商，签订统一格式的工程造价咨询合同，明确合同标的、服务内容、范围、期限、方式、目标要求、资料提供、协作事项、收费标准、违约责任等。

2. 制订工程造价咨询实施方案

工程造价咨询企业根据工程造价咨询业务的具体情况，指定该项目负责人。由项目负责人主持编制工程造价咨询实施方案，其实施方案一般包括如下内容：工程造价咨询业务概况、工程造价咨询业务要求、工程造价咨询依据、工程造价咨询原则、工程造价咨询标准、工程造价咨询方式、工程造价咨询成果、综合咨询计划、专业分工、工程造价咨询质量目标及操作人员配置等。该工程造价咨询实施方案编制完后经企业技术总负责人审定批准后实施。

3. 配置工程造价咨询业务操作人员

工程造价咨询企业应根据工程造价咨询业务的具体要求，配置相应的专业技术操作人员，包括项目负责人、相应的各专业工程造价工程师及工程造价人员。

4. 工程造价咨询资料的收集整理

工程造价咨询企业应根据合同明确的标的内容，开列由委托人提供的工程造价咨询资料清单。提供的工程造价咨询资料应符合下述要求：

（1）委托人对所提供工程造价咨询资料的真实性、可靠性负责；

（2）工程造价咨询资料的充分性，委托人按工程造价咨询企业要求提供的工程造价咨询资料应满足工程造价咨询计量、确定、控制的需要，工程造价咨询资料要完整和充分；

（3）委托人提供的工程造价咨询资料凡从第三方获得的，必须经委托人确认其真实可靠。

工程造价咨询业务操作人员在项目负责人的安排下，踏勘现场、了解情况，同时收集、整理开展工程造价咨询工作所必需的其他资料。

（二）工程造价咨询实施阶段

工程造价咨询实施阶段主要是根据工程造价咨询业务，熟悉有关工程造价咨询依据，运用工程造价专业知识与方法，对其进行客观的处理、计算和分析，编制工程造价咨询成果文件、工程造价咨询成果文件的校审等。

1. 熟悉有关工程造价咨询依据

按照工程造价咨询实施方案的具体情况，根据收集整理的工程造价信息进行甄别，有针对性地熟悉各种具体的工程造价依据，了解工程造价咨询过程的关键工程造价信息，分析相关的工程造价信息，为工程造价咨询问题处理、计算做好充分准备。

2. 工程造价问题处理、计算和分析

根据工程造价咨询实施方案开展工程造价的各项计量、确定、控制以及计算、处理分析等工作。由于工程造价贯穿于工程建设各个阶段，在实施工程造价咨询的过程中，应当针对工程建设各个阶段的各种具体工程造价问题，运用相关的工程造价信息和方法，进行工程造价确定与控制等各项的处理、计算和分析。

3. 编制工程造价咨询成果文件

应根据工程造价咨询业务的具体要求，初步编制工程造价咨询成果文件，征询有关各方的意见，最终应以书面形式体现。所编制的工程造价咨询成果文件的数量、规格、形式等应满足工程造价咨询合同的规定。

4. 工程造价咨询成果文件校审

所编制的工程造价咨询成果文件必须经过校审，确保所需依据的完备性，内容与组成完整，构成清晰合理，深度符合规定要求，成果结论的真实性和科学性。专业造价工程师签章确定，然后按规定应由技术总负责人或项目负责人签发后才能交付。

（三）工程造价咨询终结阶段

工程造价咨询终结阶段主要是把完成的工程造价咨询成果文件交付给委托人，然后根据本企业的管理制度整理留存归档，有必要时进行工程造价咨询服务回访与总结，最后将工程造价咨询成果文件进行信息化处理。

1. 工程造价咨询成果文件交付

工程造价咨询成果文件交付与资料交接，应确定其完备性。首先应确定所交付的工程造价咨询成果文件已满足工程造价咨询合同的要求与范围，其次确定所有工程造价咨询成果文件的格式、内容、深度等均符合国家及行业相关规定的标准。

2. 工程造价咨询成果文件的归档

工程造价咨询企业应根据本单位的特点建立和健全档案管理制度，建立健全质量管理保证体系，并对工程造价咨询业务施行全过程的质量控制。工程造价咨询成果文件的收集、整理、留存和归档应成为工程造价咨询企业必须考虑的质量管理问题，所以工程造价咨询成果文件整理归档的资料一般应包括下列内容：

（1）工程造价咨询合同及相关补充协议；

（2）作为工程造价咨询依据的相关项目资料、设计成果文件、会议纪要和文函；

（3）经签发的所有中间及最终工程造价咨询成果文件；

（4）与所有中间及最终工程造价咨询成果文件相关的工程造价计价依据、计算与计量文件、校核与审核记录；

（5）作为工程造价咨询企业内部质量管理所需的其他资料。

3. 工程造价咨询服务回访与总结

大型或技术复杂及某些特殊工程，工程造价咨询企业的技术管理部门有必要制定相关的咨询服务回访与总结制度，组织有关技术人员进行回访并对工程造价成果文件回顾与总结。

回访与总结一般应包括以下内容：

（1）咨询服务回访由项目负责人组织有关人员进行，回访对象主要是委托方，必要时也可包括使用工程造价咨询成果文件的相关参与单位。回访前由相关专业造价工程师拟订回访提纲；回访中应真实记录工程造价咨询成果及咨询服务工作产生的成效及存在问题，并收集委托方对服务质量的评价意见；回访工作结束后由项目负责人组织专业造价工程师编写回访记录，上报技术总负责人审阅后留存归档。

（2）咨询服务总结应在完成回访活动的基础上进行。应全面总结、归纳分析咨询服务的优缺点和经验教训，将存在的问题纳入质量改进目标，提出相应的解决措施与方法，并形成总结报告交技术总负责人审阅。

（3）技术总负责人应了解和掌握本单位的咨询技术特点，在咨询服务回访与总结的基础上归纳出共性问题，采取相应解决措施，并制订出针对性的业务培训与业务建设计划，使工程造价咨询业务质量、水平和成效不断提高。

4. 工程造价咨询成果的信息化处理

工程造价咨询企业的技术管理部门在工程造价咨询业务终结完成后，应选择有代表性的工程造价咨询成果进行经济指标的统计与分析，分析比较事前、事中、事后的主要工程造价指标，建立工程造价咨询信息系统，将工程造价咨询成果资源信息化，作为今后工程造价咨询业务的参考。

二、工程造价咨询的主要环节

按照工程造价咨询的基本程序所介绍的情况可知，不管是工程造价全过程咨询还是单独某一项目咨询，其基本程序中有五个环节，即确定工程造价咨询方案、工程造价咨询资料收集整理、工程造价问题处理、计算和分析、工程造价咨询成果文件编制、工程造价咨询成果文件交付，这五个环节在时间和内容的划分上既有阶段性，又不能截然分割，即有一定的重迭程度。每一个环节的时间长短及相邻两环节的重迭程度，视工程造价咨询问题的复杂性和工程造价咨询人员专业技术水平的高低而定。这五个环节是一环紧扣一环，必须用系统思维的方法整体考虑，又要根据每一个环节的具体要求进行实施，并且考虑两环节在时间上的重迭和内容之间的衔接。因此，有必要对这五个环节进行深入的剖析。

（一）确定工程造价咨询方案

当工程造价咨询企业接受委托人的工程造价咨询委托后，就必须根据工程造价咨询业务的具体情况，确定工程造价问题究竟是属于哪一类型的问题，编制工程造价咨询实施方案。

1. 明确工程造价问题

工程造价咨询企业接受工程造价咨询委托后，首先就要弄清工程造价咨询问题是属于哪种类型的，其次要了解存在工程造价问题的多少及其严重程度。因此，明确工程造价问题，必须从委托的工程造价咨询问题出发，充分掌握分析这些问题的途径和了解这些问题内容的方法，选准工程造价咨询的处理点。

2. 找出主导性的工程造价主要问题

任何一项工程都有特定的用途、功能和规模，其工程内容和实物形态必然产生个别性和差异性，这就决定了工程造价的个别性差异。由于委托人委托的工程造价问题往往盘根错节地交织在一起，对工程造价咨询人员来说，并不是见某个工程造价问题就计算处理和分析。经验丰富的工程造价咨询人员通常从全局考虑，采用由总体到局部、由一般到特殊的思考顺序，善于较快地从诸多的工程造价问题中剔除现象或从属性问题，找出具有代表性和主导性的主要问题，也就是需要解决的关键性工程造价咨询问题，并从中确认需要分析的依据，通过相互对照，经过综合考虑以后对主导性的工程造价主要问题能透彻地看出造成的原因，才能进行计算处理和分析。

3. 编制工程造价咨询实施方案

工程造价咨询企业应根据工程造价咨询问题的具体情况，指定该项目负责人。由项目负责人主持编制工程造价咨询实施方案，其工程造价咨询实施方案的内容一般包括如下：工程造价咨询业务概况、工程造价咨询业务要求、工程造价咨询依据、工程造价咨询原则、工程造价咨询标准、工程造价咨询方式、工程造价咨询成果、综合咨询计划、专业分工、工程造价咨询质量目标及操作人员配置等。该工程造价咨询实施方案编制完后，经工程造价咨询企业技术总负责人审定批准后实施。

（二）工程造价咨询资料收集整理

当委托的工程造价咨询问题确定并编制工程造价咨询实施方案后，其基础就是工程造价咨询信息的收集整理。如果没有大量有效素材作基础，再高明的工程造价咨询人员也只能凭经验或直觉，不能科学地进行工程造价咨询。所以，大量掌握准确、有效的工程造价咨询信息，是做好工程造价咨询工作的重要前提。对于工程造价咨询信息的收集、获取和整理必须根据工程造价咨询问题采取多种方法，有的放矢、得当运用。

1.按照工程造价咨询问题收集整理工程造价信息

工程造价咨询企业应根据合同明确的标的内容，开列由委托人提供的工程造价咨询信息清单。提供的工程造价咨询信息应符合下述要求：

（1）工程造价咨询信息的真实性

工程造价信息的有效、真实是得出客观、科学、可信的工程造价咨询成果文件的保证，为此，委托人要对所提供工程造价信息的真实性、可靠性负责。

（2）工程造价咨询信息的充分性

委托人按工程造价咨询企业要求提供的工程造价信息应满足工程造价咨询计量、确定、控制的需要，工程造价信息要完整和充分。

（3）工程造价咨询信息的确认性

委托人提供的工程造价信息凡从第三方获得的，必须经其确认是否是真实、可靠，一定要注意分清这些工程造价信息的适用情况，防止出现混淆的现象，必要时应组织进行核对，相互交换意见，确认这些工程造价信息的有用性。

2.按照工程造价咨询问题收集整理现场信息

工程造价咨询业务操作人员在项目负责人的安排下，踏勘现场、了解情况，同时收集、整理开展工程造价咨询工作所必需的其他信息。

（三）工程造价问题处理、计算和分析

工程造价问题处理、计算和分析是工程造价咨询主要环节中最重要的一个环节，也是委托人最关心的一个环节。一个好的工程造价咨询成果文件，必须要通过工程造价的合理确定和有效控制。这就要熟悉各种具体的工程造价依据，了解工程造价信息，分析各个工程造价问题原因之间的内在联系，并力求采用定量分析方法，以增强工程造价问题处理的正确性。

1. 熟悉有关工程造价咨询依据

按照工程造价咨询实施方案的具体情况，根据收集整理的工程造价信息进行甄别，有针对性地熟悉各种具体的工程造价依据，了解工程造价咨询过程的关键工程造价信息，分析相关的工程造价信息，为工程造价咨询问题处理、计算做好充分准备。

2. 工程造价问题处理分析

根据工程造价咨询实施方案开展工程造价的各项计量、确定、控制以及计算、处理、分析等工作。由于工程造价贯穿于工程建设各个阶段，在实施工程造价咨询的过程中，应当针对工程建设各个阶段的各种具体工程造价问题，运用相关的工程造价信息和方法，进行工程造价确定与控制等各项的处理、计算和分析。

（四）工程造价咨询成果文件编制

编制工程造价咨询成果文件是工程造价咨询企业的必然要求，既是工程造价咨询工作的结论性文件，又是对工程造价咨询工作依据、实施过程等情况的说明性文件。

1. 编制工程造价咨询成果文件

应根据工程造价咨询业务的具体要求，初步编制工程造价咨询成果文件，征询有关各方的意见，最终应以书面形式体现。所编制的工程造价咨询成果文件的数量、规格、形式等应满足工程造价咨询合同的规定。编制工程造价咨询成果文件一般有如下要求：

（1）工程造价咨询成果文件格式要规范

工程造价咨询成果文件是工作成果的表述，是提交给委托人的最终产品，同时又是政府主管部门监督管理工程造价咨询企业工作的主要依据。所以，应当按照规范化要求，统一工程造价咨询成果文件的格式。

（2）工程造价咨询成果文件内容要完整

内容是工程造价咨询成果文件的重要书面载体，翔实、完整的内容是工程造价咨询成果文件客观、公正的内在要求。所以，工程造价咨询成果文件必须完整全面反映委托人的工程造价咨询业务委托的要求，应当尽量将相关的重要工程造价信息披露到成果文件中，工程造价咨询过程的描述要充分，工程造价咨询依据要列示清晰。

2. 工程造价咨询成果文件校审

所编制的工程造价咨询成果文件必须经过校审，确保所需依据的完备性，内容与组成完整，构成清晰、合理，深度符合规定要求，成果结论的真实性和科学性。专业造价工程师签章确定，然后按规定应由技术总负责人或项目负责人签发

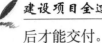

后才能交付。

（五）工程造价咨询成果文件交付

工程造价咨询成果文件交付与资料交接，应确定其完备性。首先应确定所交付的工程造价咨询成果文件已满足工程造价咨询合同的要求与范围，其次确定所有工程造价咨询成果文件的格式、内容、深度等均符合国家及行业相关规定的标准。

第四章　建设项目工程造价咨询服务内容及方法

第一节　工程造价咨询服务对象及服务方式

一、工程造价咨询的服务对象

工程造价咨询服务的对象包括工程项目投资决策、建设实施与管理不同层次上、阶段上、内容上的政府、企业、单位和个人。一般来说，工程造价咨询主要服务于投资者、项目业主、工程承包商。下面着重介绍一下。

（一）为项目出资者服务

1. 为政府投资服务

工程造价咨询单位接受政府或其部门、机构委托，为各级政府及其部门和机构的投资项目提供工程造价咨询服务。这类咨询服务一般是决策性质的，包括：

（1）项目评估，以项目可行性研究评估为主，重点评价项目的目标、效益和风险，编制投资估算。

（2）项目绩效评价，通过项目稽查和监测，重点跟踪评价项目的目标、效益和风险。

（3）项目后评价，通过项目竣工验收，重点评价目标、效益和项目的可持续能力，总结经验教训。

2. 为贷款银行服务

工程造价咨询公司为贷款银行服务常见的形式是受银行聘请作为顾问，对申请贷款的项目进行评估。被聘请的造价咨询公司必须满足与该项目有关各方没有任何商业利益和隶属关系的条件。工程造价咨询公司的评估侧重于项目的工艺方案、系统设计的可靠性和投资估算的准确性，并对项目的财务指标再次核算或进行敏感性分析，重点是投资效益和风险的分析。银行要求造价工程师不受业主和项目有关当事人的影响提出客观、公正的报告。造价工程师的项目评估报告是银行贷款决策的重要参考依据。

3. 为国际组织贷款项目提供工程造价咨询

国际组织是指跨国的金融、援助机构，包括世界银行和联合国开发计划署、粮农组织以及其他地区性开发机构，如亚洲开发银行、泛美开发银行、非洲开发银行等，这一类机构的贷款基本上用于援助发展中国家。

为世行等国际金融组织提供的咨询服务包括：咨询公司或个人作为本地咨询专家，受聘参与在华贷款及相关的技术援助；投标参与这些机构在国际上其他地区或国家贷款及技术援助项目的咨询服务。工程造价咨询的参与方式也有两种：以咨询公司名义和以个人咨询专家名义。一般世行在华这类咨询服务需要提供国际和国内两方面的咨询服务，并以国际咨询专家为主。

（二）为项目业主服务

项目业主是工程造价咨询服务的主要对象之一。既可以是单位，也可以是个人；既可以是政府、企业单位，也可以是金融机构或其他组织等。当工程造价咨询公司的客户为项目业主时，工程造价咨询公司常被称作该项目的业主工程师。他们是指经过竞争性招标中标或直接受项目业主的委托，为其提供工程造价咨询服务的工程造价咨询公司。

业主工程师是工程造价咨询公司承担工程造价咨询服务的最基本、最广泛的形式之一。

业主工程师的基本职能是提供工程所需的技术咨询服务，或者代表业主对设计、施工中的质量、进度、造价等方面的工作进行监督和管理。现代工程项目工作过程的具体步骤划分得较细，业主工程师所承担的业务范围既可以是全过程咨询，也可以是阶段性咨询。

1. 全过程咨询服务

这种服务的内容包括：投资机会研究→初步可行性研究→可行性研究（投资估算）→项目经济评价→设计（初步设计概算、设计概算）→编制招标文件、编制标底→评标→合同谈判（合同价确定）→合同管理（工程变更、索赔、价款结算）→施工管理（竣工结算、决算）→生产准备（人员培训）→调试验收→总结评价。

全过程咨询服务的主要特点是：业主工程师接受业主全盘委托，在上述工作进程中，陆续将工作成果提交业主审查认可。业主工程师在某种意义上不仅作为业主的受雇人开展工作，而且也代行了业主的部分职责。

2. 阶段性咨询服务

所谓阶段性咨询服务，是指工程项目建设的某一阶段或某项具体工作的咨询服务。业主在一个工程项目的实施过程中，有时只是在部分工作阶段聘请咨询公司，比较常见的是项目的可行性研究、经济评价、设计方案比较、设计概算和施工招标文件、标底编制、工程结算、竣工结算等，多以单独的合同形式出现。也有可能业主在一个工程项目中，委托不止一个工程造价咨询公司来承担工作。如委托一个工程造价咨询公司完成项目设计概算，聘请另外的造价咨询公司对设计方案再次进行技术经济分析。业主的意愿，项目的规模和技术复杂性，资金来源渠道等多种因素决定了工程项目对工程造价咨询公司的依赖程度。

（三）为承包商服务

承包商是指为工程项目提供设备的厂商和负责土建与设备安装工程的施工企业。业主多采用招标的方式选择承包商，以期在保证较高技术水平和质量的前提下获得较低的工程造价。

对于大中型项目，一般设备制造厂和施工企业都和工程造价咨询单位合作参与工程投标。这时工程造价咨询单位是作为投标者的分包商为之提供技术服务。工程造价咨询单位主要编制商务标书，也有参与编制技术标书，如工程施工组织设计、网络计划、工期控制等，有时还协助澄清有关技术问题；如果承包商以项目交钥匙的方式总承包工程，工程造价咨询单位还要承担全过程造价确定与控制。

工程造价咨询单位以分包商身份承担工程项目咨询，直接服务对象是工程的承包商或总承包商，工程造价咨询合同只在工程造价咨询单位与承包商之间签订。

（四）承包工程

业主可以将工程项目的全部建设任务交给一个承包商或承包商联合体，并由承包者承担相应的责任与风险的建设方式，可称为设计、采购、施工（Engineering，Procurement and Construction，EPC）项目和交钥匙工程。

国外一些大型工程造价咨询公司，由于实力比较雄厚，往往和设备制造厂家或施工公司联合投标，共同完成项目建设的全部任务。工程造价咨询公司可以作为总承包商，承担项目的主要责任与风险。联合其他公司承担 EPC 项目和交钥匙工程，或者作为总承包商，工程造价咨询公司的服务内容与作为承包商的分包商时基本相似，主要的区别在于承担的项目风险不同。

虽然联合承包工程的风险相对较大，但可以给工程造价咨询公司带来更多的利润，因此承担 EPC 项目与交钥匙工程，或者参与 BOT 项目，以至于作为这些项目的发起人和总体策划公司，已成为国际上大型工程造价咨询公司开展业务方面的一个趋势。

（五）为项目融资服务

为了降低项目的风险和融资成本，业主往往需要工程造价咨询公司参与项目的决策和实施过程。由于工程造价咨询公司不牵涉到项目有关当事方的内部政策和偏向，可以对项目做出比较客观和公正的评价，因此银行对项目的风险判断和贷款意向在很大程度上取决于业主是否聘请了造价咨询公司参与项目。

另外，如果是 EPC 项目或交钥匙项目，贷款银行还要对承包商的咨询分包商进行考察，因为咨询公司的资格、经验、声誉以至财务状况将关系到项目融资的成败。业主在策划项目时，均需考虑这些因素。这显示出工程造价咨询公司对项目融资有着重要的影响，也可以把这种影响视为融资服务的间接形式。

二、工程造价咨询服务方式

工程造价咨询的方式主要以合同协议为契约，根据客户要求提供服务。工程造价咨询合同可以通过公开招标、邀请招标、直接委托等形式获得。目前在我国工程造价咨询服务市场，大多采用的是直接委托方式。

工程造价咨询方式按其承担者主体划分，可以公司方式和个人专家方式，还有联合咨询方式、分包方式等，以及施工、设计和工程造价咨询联合方式。前几种方式占大多数，后者较少。

第二节　工程造价全过程咨询服务内容

工程造价全过程咨询服务包括建设项目策划、立项、可行性研究、项目投资、工程设计、工程招投标、工程施工、工程监理、工程项目管理、工程结算、工程决算及其竣工验收、生产运行工等。国际普遍做法或国际惯例是全过程咨询服务。我国现阶段工程造价咨询服务内容，主要围绕工程造价的确定与控制，其业务与工程造价或建设投资（建设费用）相关。本书第一章介绍了工程造价、工程造价咨询及两者关系，同时介绍了工程造价咨询的服务范围和服务对象。

这里再进一步介绍工程造价咨询服务的内容。

工程造价咨询不论是全过程的还是阶段性的，其服务的内容详细来说主要有以下几点：

一、项目可行性研究，编制投资估算、经济评价

项目可行性研究，就是工程建设项目立项是否可行。一般来说，可细分为初步可行性研究和可行性研究。初步可行性研究是在投资机会分析的基础上，对项目方案的技术、经济条件进一步论证。对项目是否可行进行初步判断。研究的目

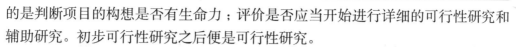

的是判断项目的构想是否有生命力；评价是否应当开始进行详细的可行性研究和辅助研究。初步可行性研究之后便是可行性研究。

进一步通过与项目有关的资料、数据的调查研究，对项目的技术、经济、工程、环境等进行最终论证和分析预测，从而提出项目是否值得投资和如何进行建设的可行性意见，为项目决策审定提供全面的依据。

可行性研究必须坚持客观性、科学性、公正性、可靠性和实事求是的原则。可行性研究的内容和具体方法、步骤本书将在第四章介绍。这里主要说明一下可行性研究作为咨询成果就是可行性研究报告，造价工程师主要做的是编制投资估算。可行性研究报告主要有以下内容：

1. 总论：综述项目概况，包括项目的名称，主办单位，承担可行性研究的单位，项目提出的背景，投资的必要性和经济意义，投资环境，提出项目调查研究的主要依据、工作范围和要求，项目的历史发展概况，项目建议书及有关审批文件，可行性研究的主要结论概要和存在的问题与建议。

2. 产品的市场需求和拟建规模。

3. 资源、原材料、燃料及公用设施情况。

4. 建厂条件和厂址选择。

5. 项目设计方案。

6. 环境保护与劳动安全。

7. 企业组织、劳动定员和人员培训。

8. 项目施工计划和进度要求。

9. 投资估算和资金筹措。这项工作主要由造价工程师完成。投资估算包括项目总投资估算，主体工程及辅助、配套工程的估算，以及流动资金的估算；资金筹措应说明资金来源、筹措方式、各种资金来源所占的比例、资金成本及贷款的偿付方式。

10. 项目的经济评价。这项工作由造价工程师、会计师共同配合完成。项目的经济评价包括财务评价和国民经济评价，并通过有关指标的计算，进行项目盈利能力、偿还能力等分析，得出经济评价结论。

11. 综合评价与结论、建议。

从以上可以看出项目可行性研究报告可以概括为三大部分：第一部分是市场研究；第二部分为技术研究；第三部分为效益研究，这主要由工程造价咨询人员完成，效益研究即经济效益分析和评价，这是项目可行性研究的核心部分，主要解决项目在经济上的"合理性"问题。对于可行性研究业务，工程造价咨询单位主要接受政府、开发商、业主、贷款银行、国际组织贷款机构等委托。

二、工程设计、设计技术经济评价、设计概算、施工图预算

工程设计是建设项目进行全面规划和具体描述实施意图的过程，是工程建设的灵魂，是科学技术转化为生产力的细节，是处理技术与经济关系的关键性环节，是确定与控制工程造价的重点阶段。设计是否经济合理，对控制工程造价具有十分重要的意义。

工程设计包括工业建设项目设计和民用工程设计。工业建设项目设计包括总平面图设计、工艺设计和建筑设计。民用工程设计是建筑设计，它是根据用户对功能的要求，具体确定建筑标准、结构形式、建筑物的空间和平面布置以及建筑群体的合理安排的设计。

工程设计的内容包括总体设计、工业项目初步设计、技术设计、施工图设计。

在工程设计中涉及工程造价咨询主要的工作内容：总体设计中有投资估算；工业项目初步设计中有设计总概算，也是设计阶段主要经济指标；技术设计中有设计概算和各种技术经济分析；施工图设计中有设计概算、施工图预算。

工程造价咨询人员配合设计人员，特别是建筑师，认真做好工程造价预控，在设计阶段即已事先对于建筑造型、外观、选材等各方面充分进行经济论证，甚至在未来施工实施过程中，对可能的重大设计变更提供成本评估报告，而不是对既定方案进行事后的评估。

工程设计是具体实现技术与经济对立统一的过程。拟建项目经决策确定后，设计就成了工程建设和控制工程造价的关键。初步设计基本上决定了工程建设的规模、产品方案、结构形式和建筑标准及使用功能，形成了设计概算，确定了投资的最高限额。施工图设计完成后，编制出施工图预算，准确地计算出工程造价。

国外一些专家研究指出，设计费仅占工程全寿命费用1%，但在决策正确的条件下，它对工程造价的影响程度达75%以上。显然，设计是有效控制工程造价的关键。从另一个角度看，工程造价对设计有很大的制约作用，在市场经济条件下，归根结底应该说还是经济决定技术，还是财力决定工程规模和建设标准、技术水平。在一定经济约束条件下，就一个建设项目而言，应尽可能减少次要辅助项目的投资，以保证和提高主要项目设计标准或适用程度。工程设计阶段，工程造价咨询单位主要接受业主、设计院等委托，对工程设计进行技术经济分析、评价，准确地编制设计概算、施工图预算。三、工程项目承发包、招投标，标底与报价，合同价工程项目承发包是指工程建设准备阶段已完成，即将进入实施阶段，业主按照国家规定和工程项目实际情况，选择建设承包单位。这个过程为发包过程。建设项目承发包方式有多种，主要有以下几种：

1. 按承包范围（内容）划分承包方式有建设全过程承包（统包）、阶段承包（包括包工包料、包工部分包料、包工不包料等形式）、专项承包。

2. 按承包者所处地位划分有总承包、分承包、独立承包、联合承包。

3. 按获得承包任务的途径划分有投标竞争承包方式、委托（协商）承包方式、指令承包方式。

4. 按合同类型和计价方法划分有总价合同、单价合同、成本加酬金合同承包方式。工程建设项目在承发包阶段，关键的内容是施工承发包，一般通过招投标方式确定承包单位。施工招标是指招标单位将确定的施工任务发包，鼓励施工企业投标竞争，从中选出技术能力强、管理水平高、信誉可靠且报价合理的承建单位，并以签订合同的方式约束双方在施工过程中行为的经济活动。

通常在承发包阶段，业主应委托施工招标代理机构帮助办理招标，因为招投标除体现公平、公开、公正的原则外，程序要规范、合理。还有招标文件编制是否科学、合理、准确，对今后工作影响非常大。在这个阶段，工程造价咨询服务内容很多，一是招标文件编制，包括合同主要条款，工程量清单或工程造价的确定，包括依据、范围、方式等。二是工程标底价编制、审查。三是投标报价。四是工程是否采用分包，分包价款的确定。五是工程造价构成因素分析、暂定金额、预备费、工程变更价款确定和各种风险等。六是协助合同价款的谈判。

这个阶段工程造价咨询单位一般接受业主（招标人）、承包商或投标人委托。目前，工程造价咨询单位服务的主要内容就在这个阶段。

四、工程成本控制、工程变更、索赔、工程结算

工程项目进入施工，承发包双方要确认工程项目、工程量、材料采购及施工现场的条件等状况，这个阶段大量投资开始实施，工程成本控制是十分重要的。造价工程师通过对规范的招标文件和国际化的合约管理方式，配合履约保函、履约保证书和质量担保书的方式，使业主避免承包商因质量、违约、企业破产等引起的对业主投资的风险；承包合同签订后，如没有工程变更，则合同金额就是结算金额。这里可以看出，承包商需要以市场经济方式承担承包范围内的所有市场风险和法律风险。

在施工阶段，由于种种原因，工程会发生变更，即包括设计变更、进度计划变更、施工条件变更以及原招标文件或工程量清单中未包括的"新增工程"。这些内容都需要确认和处理。工程造价咨询单位接受委托，应对工程变更价款进行计算。

另一方面由于施工现场条件、气候条件的变化，施工进度、物价的变化，以及合同条款、规范、标准文件和施工图纸的变更、差异、延误等因素的影响，使

得工程施工中不可避免地出现索赔，造价工程师应对索赔进行处理，并负责索赔费用计算。

工程建设中造价工程师不仅要认真做好每份经济鉴证，还要对影响工程造价确定的主要因素进行分析、确认，对大宗材料、半成品、成品、大型施工机械等予以明确。按照合同条款规定及时办理工程价款结算。结算方式应在合同中明确。工程竣工应及时编制工程竣工结算，并按规定认真做好竣工结算审查。工程造价咨询单位一般在这个阶段接受业主委托，为业主做好工程造价确定与控制服务工作。

工程在实施过程中，承发包双方可能由于合同履行、工程延误等原因引起工程造价争议、纠纷。为此，工程造价咨询单位可能接受司法部门、业主或承包商的委托对工程造价进行鉴定。

五、竣工验收、竣工决算、后评价

工程项目竣工验收就是建设项目建设全过程的最后一个程序，是全面考核建设工作，检查设计、工程质量是否符合要求，审查投资使用是否合理的重要环节，是投资成果转入生产或使用的标志。竣工验收对保证工程质量，促进建设项目及时投产，发挥投资效益，总结经验教训都有重要作用。

在竣工验收时，工程造价咨询单位接受委托，应编制工程竣工决算，对所有建设项目的财产和物资进行认真清理，及时而正确地编制工程造价、建设费用分析报表，作必要的经济评价。

这个阶段工程造价咨询单位一般接受业主或项目管理者的委托。

第三节　工程造价咨询依据

工程造价咨询依据是工程造价咨询人员咨询业务的依据，广义地说外部包括国家法律、法规、政策、市场行业规定和委托方提供的参考资料，内部包括建立的咨询数据库、业务档案资料和各种业务经验。狭义地说是指咨询某项业务时所必需的依据，一般来说为工程造价的确定与控制依据。通常工程造价咨询依据，因咨询业务内容不同，其咨询依据也有所不同。具体有哪些工程造价咨询依据将在本书其他章节结合咨询的业务内容作详细介绍，在这里仅就一般意义上工程造价咨询依据作些说明。

一、工程造价咨询应当遵循的国家法律、法规

工程造价咨询应当遵守国家的一切法律，如宪法、民法、经济法等，着重熟

悉与工程造价咨询活动有关的"建筑法""招标投标法""价格法"和"合同法"，以及国务院和地方颁布的工程质量、设计、招投标、监理等管理条件。下面对"四法"作简单介绍。

（一）建筑法

《中华人民共和国建筑法》是 1997 年 11 月 1 日第八届全国人大常委会第二十八次会议通过，自 1998 年 3 月 1 日起施行，共分 8 章 85 条，凡在我国境内从事建筑活动，实施对建筑活动的监督管理，应当遵守此法。

1. 建筑法的概念和调整对象

建筑法是指调整在从事建筑活动和实施对建筑活动监督管理过程中所形成的社会关系的法律规范总称。建筑活动是建筑法所要规范的核心内容。建筑法所称的建筑活动是指各类房屋建筑及其附属设施的建造和与其配套的线路、管道、设备的安装活动。但建筑法中关于施工许可、建筑施工企业资质审查和建筑工程发包、承包、禁止转包，以及建筑工程监理、建筑工程安全和质量管理的规定，适用于其他专业建筑工程的建筑活动。

建筑法的调整对象主要有两种社会关系：一是从事建筑活动过程中所形成的一定的社会关系；二是在实施建筑活动管理过程中所形成的一定的社会关系。从性质上来看，前一种属于平等主体的民事关系，即平等主体的建设单位、勘察设计单位、建筑安装企业、监理单位、建筑材料供应单位之间在建筑活动中所形成的民事关系。后一种属于行政管理关系，即建设行政主管部门对建筑活动进行的计划、组织、监督的关系。

2. 建筑许可

国家实行建筑许可管理制度，建筑许可包括建筑工程施工许可和从业资格两种。

（1）建筑工程施工许可

建筑工程施工许可，是指建筑行政主管部门依据法定程序和条件，对建筑工程是否具备施工条件进行审查，对符合条件者准许开始施工并颁发施工许可证的一种制度。

①施工许可证的申请。施工许可证应当在施工准备工作基本就绪之后，组织施工之前申请。施工许可证的申请者是建设单位（也可称业主或者项目法人），因为做好各项施工准备工作，是建设单位的义务。

②建筑工程施工许可证的审批。施工许可证由工程所在地县级以上人民政府建设行政主管部门审批。具体由哪一级建设行政主管部门审批，则要视工程的投资额大小和投资额来源的不同而定。建设行政主管部门应当在接到申请后的 15日内，对符合条件的申请者颁发施工许可证。

③施工许可证的有效期限。建设单位应当在领取施工许可证后的 3 个月内开工。因故不能按期开工的，应当向原发证机关申请延期，延期以两次为限，每次不超过 3 个月；既不开工又不申请延期或者超过延期时限的，施工许可证自行废止。

④中止施工和恢复施工。在建的建筑工程因故中止施工，建设单位应当在中止施工之日起 1 个月内，向原发证机关报告，并按照规定做好建设工程的维护管理工作。建设工程恢复施工时，应当向原发证机关报告。中止施工 1 年以上的工程恢复施工前，建设单位应当报发证机关核验施工许可证。

⑤取得开工报告的建筑工程不能按期开工或者中止施工的处理。开工报告制度是我国建设领域长期实施的一项制度。按照国务院有关规定批准开工报告的建筑工程，因故不能按期开工或者中止施工的，应当及时向批准机关报告情况。因故不能按期开工超过 6 个月的，应当重新办理开工报告的批准手续。

（2）从业资格制度

从业资格制度是指国家对从事建筑活动的单位（企业）和人员实行资质或资格审查，并许可其按照相应的资质、资格条件从事相应的建筑活动的制度。从业资格制度包括从事建筑活动的单位资质制度和从事建筑活动的个人资格制度两类。从事建筑活动的单位资质制度，是指建设行政主管部门对从事建筑活动的建筑施工企业、勘察单位、设计单位和工程监理单位的人员素质、管理水平、资金数量、业务能力等进行审查，以确定其承担任务的范围，并发给相应的资质证书的一种制度。从事建筑活动的个人资格制度，是指建设行政主管部门及有关部门对从事建筑活动的专业技术人员，依法进行考试和注册，并颁发执业资格证书的一种制度。从业资格制度，是对从事建筑活动的主体实行资质和资格审查的制度。建筑业是一个专业性、技术性很强的行业，只有加强对从业者的管理，才能保障工程质量和施工安全，维护建筑市场秩序。从业资格制度的管理对象，单位主要包括建设工程总包单位、建设工程勘察设计单位、建筑业企业、建设工程监理单位，个人主要包括注册建筑师、注册监理工程师、注册造价工程师、注册结构工程师等。

3. 建筑工程发包与承包

（1）建筑工程发包

建设工程发包是指建筑单位采用一定的方式，在政府管理部门的监督下，遵循公开、公正、公平的原则，择优选定设计、勘察、施工等单位的活动。建设工程发包分为招标发包和直接发包两类。政府投资大、中型和限额以上的工程项目，必须采用公开招标方式，国家投资或控股的大型公共建筑、住宅小区的设计，应当采用方案竞投的方式确定。应当实行招标但不宜公开招标或者邀请招标的保密工程、特殊专业工程等项目，可以采取协议方式发包，也可以直接发包。

（2）建筑工程承包

建筑工程承包是指承包单位（勘察设计、施工安装单位）通过一定的方式取得工程项目建设合同的活动。

4. 建筑工程监理

建筑工程监理，是指工程监理单位接受建设单位委托，依照法律、行政法规及有关的技术标准、设计文件和建设工程承包合同，对承包单位工程质量、建设进度和建设资金使用等方面，代表建设单位实施监督。

5. 建筑安全生产管理

国家对建筑活动实行建筑安全生产管理制度。建筑工程安全生产管理应当坚持"安全第一，预防为主"的方针，为了加强安全生产管理，国务院建设行政主管部门制定了一系列安全生产管理法规，建筑安全生产管理法律制度日趋完善。建筑法规定了安全责任制度，安全教育制度，安全检查制度，伤亡事故的报告、调查和处理制度。

6. 建筑工程质量管理

建筑工程质量是指国家现行的有关法律、法规、技术标准、设计文件和合同中对工程安全、适用、经济、美观等特性综合要求。建筑工程质量管理包括纵向和横向两个方面的管理。纵向方面的管理主要是指建设行政主管部门及其授权机构对建设工程质量的监督管理。横向方面的管理主要指建设工程各方如建筑单位、勘察设计单位、施工单位等的质量责任和义务。目前，我国工程质量管理法律制度体系已基本建立。

（二）招标投标法

《中华人民共和国招标投标法》在1999年8月30日第九届全国人民代表大会常务委员会第十一次会议通过，自2000年1月1日起施行。共分6章68条。凡在我国境内进行招标投标活动，均应当遵守此法。

1. 招标投标法的概念

招标投标法是调整在招标、投标活动中产生的社会关系的法律规范总称。招标、投标的目的是签订合同。虽然招标文件对招标项目有详细介绍，但它缺少合同成立的重要条件——价格。在招标时，项目成交价格是有待于投标者提出的。因而招标不具备要约的条件，不是要约，它实际上是邀请其他人（投标人）来对其提出要约（报价），是一种要约邀请。而投标则是要约，中标通知书是承诺。

2. 招标

强制招标的工程建设项目范围；建设工程的招标方式分公开招标和邀请招

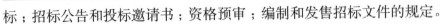

标；招标公告和投标邀请书；资格预审；编制和发售招标文件的规定。

3. 投标

投标人及其资格要求；编制和送达投标文件规定；联合体共同投标的一些规定。

4. 开标、评标和中标

（1）开标

招标投标活动经过招标阶段、投标阶段，就进入开标阶段。所谓开标，是指招标人将所有投标人投标文件启封揭晓。我国《招标投标法》规定，开标应当在招标文件确定的提交投标文件截止时间的同一时间公开进行。开标地点应当为招标文件中预先确定的地点。

开标由招标人或者招标代理人主持，邀请所有投标人参加。评标委员会委员和其他有关开标时，首先由投标人或者其推选的代表检查投标文件的密封情况，确认投标文件密封完好，封套书写明招标人的规定，没有其他标记或者字样。然后，由开标主持人以招标文件递交的先后顺序逐个开启投标文件。招标人在招标文件要求提交投标文件的截止时间前收到的所有投标文件，开标时都应当众予以拆封、宣读。开标主持人在开标时，要高声朗读每个投标人的名称、投标价格和投标文件的其他主要内容。在宣读的同时，开标主持人对唱标的每一项内容，都应当按照开标时间的先后顺序进行记录。

单位的代表也应当应邀出席开标。投标人或他们的代表则不论是否被邀请，都有权参加开标。

（2）评标

评标由招标人依法组建的评标委员会负责。依法必须进行招标的项目，评标委员会由招标人和招标代理机构的代表，以及受聘或应邀参加该委员会的技术、经济等方面的专家组成。评标委员会的成员人数为5人以上单数，其中技术、经济等方面的专家不得少于成员总数的2/3，并且这些专家应当从事相关领域工作满8年、具有高级职称或者具有同等专业水平。

评标委员会可以要求投标人对投标文件中含意不明确的内容作必要的澄清或者说明，但是澄清或者说明不得超出投标文件的范围或者改变投标文件的实质性内容，对招标文件的相关内容做出澄清和说明，其目的是有利于评标委员会对投标文件的审查、评审和比较。评标委员会应当按照招标文件确定的评标步骤和方法，对投标文件进行评审和比较；设有标底的，应当参考标底。评标委员会完成评标后，应当向招标人提出书面评标报告，并推荐合格的中标候选人。招标人根据评标委员会提出的书面评标报告和推荐的中标候选人确定中标人；招标人也可以授权评标委员会直接确定中标人。评标只对有效投标进行评审。

（4）中标

中标人确定后，招标人应当向中标人发出中标通知书，并同时将中标结果通知所有未中标的投标人。中标通知书对招标人和中标人具有法律效力。中标通知书发出后，招标人改变中标结果的，或者中标人放弃中标项目的，应当依法承担法律责任。

招标人和中标人应当自中标通知书发出之日起 30 日内，按照招标文件和中标人的投标文件订立书面合同。招标人和中标人不得再行订立背离合同实质性内容的其他协议。招标文件要求中标人提交履约保证金的，中标人应当提交。

依法必须进行招标的项目，招标人应当自确定中标人之日起 15 日内，向有关行政监督部门提交招标投标情况的书面报告。

（三）价格法

1. 价格的概念

价格是商品或者服务价值的货币表现。价格包括商品价格和服务价格。商品价格是指各类有形产品和无形资产的价格。服务价格是指各类有偿服务的收费。

2. 价格的分类管理

从价格管理的角度，价格可分为市场调节价、政府指导价和政府定价 3 类。国家实行并逐步完善宏观经济调控下主要由市场形成价格的机制。价格的制定应当符合价值规律，大多数商品和服务价格实行市场调节价，极少数商品和服务价格实行政府指导价或者政府定价。

（1）市场调节价

市场调节价是指由经营者自主制定，通过市场竞争形成的价格。经营者是指从事生产、经营商品或者提供有偿服务的法人、其他组织和个人。

（2）政府指导价

政府指导价是指依照价格法的规定，由政府价格主管部门或者其他有关部门，按照定价权限和范围规定基准价及其浮动幅度，指导经营者制定的价格。

（3）政府定价

政府定价是指依照价格法的规定，由政府价格主管部门或者其他有关部门按照定价权限和范围制定的价格。

3. 经营者的价格行为

商品和服务的价格，除按照规定适用政府指导价和政府定价外，都实行市场调节价，由经营者自主制定。经营者定价，应当遵循公平、合法和诚实信用的原则。经营者定价的基本依据是生产经营成本和市场供求状况。经营者应当努力改进生产经营管理，降低生产经营成本，为消费者提供价格合理的商品的服务，并在市场竞争中获取合法利润。经营者销售、收购商品和提供服务，应当按照政府价格主管部门的规定明码标价，注明商品的品名、产地、规格、等级、计价单位、价格或者服务的项目、收费标准等有关情况。

行业组织应当遵守价格法律、法规，加强价格自律，接受政府价格主管部门的工作指导。

4.政府的定价行为

下列商品和服务价格，政府在必要时可以实行政府指导价或者政府定价：

（1）与国民经济发展和人民生活关系重大的极少数商品价格；

（2）资源稀缺的少数商品价格；

（3）自然垄断经营的商品价格；

（4）重要的公用事业价格；

（5）重要的公益性服务价格。

政府指导价、政府定价的定价权限和具体适用范围，以中央和地方的定价目录为依据。中央定价目录由国务院价格主管部门制定、修订，报国务院批准后公布。地方定价目录由省、自治区、直辖市人民政府价格主管部门按照中央定价目录规定的定价权限和具体适用范围制定，经本级人民政府审核同意，报国务院价格主管部门审定后公布。省、自治区、直辖市人民政府以下各级地方人民政府不得制定定价目录。

（四）合同法

1.合同的概念

合同是平等主体的自然人、法人、其他组织之间设立、变更、终止民事权利义务关系的协议。

2.合同法的概念

合同法是调整平等主体的自然人、法人、其他组织之间在设立、变更、终止合同时所发生社会关系的法律规范总称。1999年3月15日，第九届全国人大第二次会议通过了《中华人民共和国合同法》，于1999年10月1日起施行。

3.合同的分类

《合同法》分则部分将合同分为15类：买卖合同、热力合同（供水、电、气）、赠与合同、借款合同、租赁合同、融资租赁合同、承揽合同、建设工程合同、运输合同、技术合同、保管合同、仓储合同、委托合同、行纪合同、居间合同。合同法对每一合同都作了较为详细的规定。

4.合同的形式

可分为书面形式、口头形式和其他形式。

5.合同的内容

合同的内容由当事人约定，这是合同自由的重要体现。合同法规定了合同一般应当包括的条款，但具备这些条款不是合同成立的必备条件。

（1）当事人的名称或者姓名及住所。

（2）标的。标的是合同当事人双方权利和义务共同指向的对象。标的表现形式为物、劳务、行为、智力成果、工程项目等。

（3）数量。数量衡量合同标的多少的尺度，是以数字和其他计量单位表示的尺度。

（4）质量。质量是标的的内在品质和外观形态的综合指标。

（5）价款或者报酬。价款或者报酬是当事人一方向交付标的另一方支付的货币。标的物的价款由当事人双方协商，但必须符合国家的物价政策，劳务酬金也是如此，合同条款中应写明有关银行结算和支付方法的条款。

（6）履行的期限、地点和方式。履行的期限是当事人各方依照合同规定全面完成各自义务的时间。包括合同的签订期、有效期和履行期。履行的地点是指当事人交付标的和支付价款或酬金的地点。包括标的的交付、提取地点；服务、劳务或工程项目建设的地点；价款或劳务的结算地点。履行的方式是指当事人完成合同规定义务的具体方法。包括标的的交付方式和价款或酬金的结算方式。

（7）违约责任。违约责任是指任何一方当事人不履行或者不适当履行合同规定的义务而应当承担的法律责任。当事人可以在合同中约定，一方当事人违反合同时，向另一方当事人支付一定数额的违约金；或者约定违约损害赔偿的计算方法。

（8）解决争议的方法。在合同履行过程中不可避免地会产生争议，为使争议发生后能够有一个双方都能接受的解决办法，应当在合同条款中对此做出规定。

6. 合同的效力

（1）合同生效

合同生效是指合同对双方当事人法律约束力的开始。合同生效应当具备下列条件：

一是当事人具有相应的民事权利能力和民事行为能力。

二是意思表示真实。

三是不违反法律或社会公共利益。

（2）合同生效时间

一般来说，依法成立的合同，自成立时生效。具体地讲，口头合同自受要约人承诺时生效；书面合同自当事人双方签字或盖章时生效；法律规定应当采用书面形式的合同，当事人虽然未采用书面形式但已经履行全部或者主要义务的，可以视为合同有效。当事人可以对合同生效约定附条件或者约定附期限。附条件的合同，包括附生效条件的合同和附解除条件的合同两类。附生效条件的合同，自条件成就时生效；附解除条件的合同，自条件成就时失效。附条件的合同一经成立，在条件成就前，当事人对于所约定的条件是否成就，应当听其自然发展。

（3）涉及代理的合同效力

当合同具备生效条件，代理行为符合法律规定，授权代理人在授权范围内订立的合同当然有效。但在有些情况下，涉及代理的合同效力则十分复杂。

①限制民事行为能力人订立的合同。无民事行为能力人不能订立合同，限制行为能力人一般情况下不能独立订立合同。限制民事行为能力的人订立的合同，经法定代理人追认以后，合同有效。

②无权代理。无权代理的行为人以被代理人的名义订立的合同，未经被代理人追认，对被代理人不发生效力，由行为人承担责任。相对人可以催告被代理人在一个月内予以追认。

被代理人未作表示的，视为拒绝追认。

③表见代理。表见代理是善意相对人通过被代理人的行为足以相信无权代理人具有代理权的代理。

（4）无效合同的概念及无效合同的情形

无效合同是指当事人违反了法律规定的条件而订立的，国家不承认其效力，不给予法律保护的合同。无效合同从订立之时起就没有法律效力。有下列情形之一的合同无效：

①一方以欺诈、胁迫手段订立合同，损害国家利益。

②恶意串通，损害国家、集体或第三人利益的。

③以合法活动掩盖非法目的。

④损害社会公共利益。

⑤违反法律、行政法规的强制规定。

合同当事人约定免除或者限制其未来责任的下列免责条款无效：

①造成对方人身伤害的。

②因故意或者重大过失造成对方财产损失的。

上述两种免责条款具有一定的社会危害性，双方即使没有合同关系也可追究对方的侵权责任。因此这两种免责条款无效。

无效合同的确认权归人民法院或者仲裁机构，其他任何机构均无权确认合同无效。

（5）可变更、可撤销合同的概念和种类

可变更、可撤销的合同，是指欠缺生效条件，但一方当事人可依照自己的意思使合同的内容变更或者使合同的效力归于消灭的合同。可变更、可撤销的合同不同于无效合同，当事人提出请求是合同被变更、撤销的前提。当事人如果只要求变更，人民法院或者仲裁机构不得撤销其合同。有下列情形之一的，当事人一方有权请求人民法院或者仲裁机构撤销其合同：

①因重大误解而订立的；

②在订立合同时显失公平的。

一方以欺诈、胁迫等手段或者乘人之危，使对方在违背真实意思的情况下订立的合同，受损害方有权请求人民法院或者仲裁机构变更或者撤销。

由于可撤销的合同只是涉及当事人意思表示不真实的问题，因此法律对撤销权的行使有一定的限制。有下列情形之一的，撤销权消灭：

①具有撤销权的当事人自知道或者应当知道撤销事由之日起1年内没有行使撤销权；

②具有撤销权的当事人知道撤销事由后明确表示或者以自己的行为放弃撤销权。

（6）合同无效和被撤销后的法律后果

无效合同或者被撤销的合同自始没有法律约束力。合同部分无效，不影响其他部分效力的，其他部分仍然有效。合同无效、被撤销或者终止的，不影响合同中独立存在的有关解决争议方法的条款的效力。

合同被确认无效和被撤销后，合同规定的权利义务即为无效。履行中的合同应当终止履行，尚未履行的不得继续履行。对因履行无效合同和被撤销合同而产生的财产后果应当依法进行处理：

①返还财产。由于无效合同或者被撤销的合同自始没有法律约束力，因此，返回财产是处理无效合同和可撤销合同的主要方式。合同被确认无效和被撤销后，当事人依据该合同所取得的财产，应当返还给对方。

②赔偿损失。合同被确认无效或者被撤销后，有过错的一方应赔偿对方因此而受到的损失。如果双方都有过错，应当根据过错的大小各自承担相应的责任。

③追缴财产，收归国有。双方恶意串通，损害国家或者第三人利益的，应将双方取得的财产收归国库或者返还第三人。无效和可撤销合同不影响善意第三人取得合法权益。

7. 合同的履行

（1）合同的履行概念

合同履行，是指合同各方当事人按照合同的规定，全面履行各自的义务，实现各自的权利，使各方的目的得以实现的行为。合同依法成立，当事人就应当按照合同的约定，全部履行自己的义务。签订合同的目的在于履行，通过合同的履行而取得某种权益。合同的履行以有效的合同为前提和依据，因为无效合同从订立之时起就没有法律效力，不存在合同履行的问题。合同履行是该合同具有法律约束力的首要表现。

（2）合同履行的原则

①全面履行的原则。当事人应当按照约定全面履行自己的义务。即按合同约定的标的、价款、数量、质量、地点、期限、方式等全面履行各自的义务。按照约定履行自己的义务，既包括全面履行义务，也包括正确适当履行合同义务。

合同生效后，当事人就质量、价款或者报酬、履行地点等内容没有约定或者约定不明的，可以协议补充，不能达成补充协议的，按照合同有关条款或者交易习惯确定。按照合同有关条款或者交易习惯确定，一般只能适用于部分常见条款欠缺或者不明确的情况，因为只有这些内容才能形成一定的交易习惯。

合同在履行中既可能是按照市场行情约定价格，也可能执行政府定价或政府指导价。如果是按照市场行情约定价格履行，则市场行情的波动不应影响合同价，合同仍执行原价格。如果执行政府定价或政府指导价的，在合同约定的交付期限内政府价格调整时，按照交付时的价格计价。逾期交付标的物的，遇价格上涨时按照原价格执行；遇价格下降时，按新价格执行。逾期提取标的物或者逾期付款的，遇价格上涨时，按新价格执行；价格下降时，按原价格执行。

②诚实信用原则。当事人应当遵循诚实信用原则，根据合同性质、目的和交易习惯履行通过、协助和保密的义务。当事人首先要保证自己全面履行合同约定的义务，并为对方履行创造条件。当事人双方应关心合同履行情况，发现问题应及时协商解决。一方当事人在履行过程中发生困难，另一方当事人应在法律允许的范围内给予帮助。在合同履行过程中应信守商业道德，保守商业秘密。

③合同履行中的抗辩权

抗辩权是指双方在合同的履行中，都应当履行自己的债务，一方不履行或者有可能不履行时，另一方可以据此拒绝对方的履行要求。

①同时履行抗辩权。当事人互负债务，没有先后履行顺序的，应当同时履行。同时履行抗辩权包括：一方在对方履行之前有权拒绝其履行要求；一方在对方履行债务不符合约定时，有权拒绝其相应的履行要求。

②先履行抗辩权。先履行抗辩权也包括两种情况：当事人互负债务，有先后履行顺序的，先履行的一方未履行的，后履行的一方有权拒绝其履行要求；先履行的一方履行债务不符合规定的，后履行的一方有权拒绝其相应的履行要求。

③不安抗辩权。不安抗辩权，是指合同中约定了履行的顺序，合同成立后发生了应当后履行合同一方财务状况恶化的情况，应当先履行合同一方在对方未履行或者提供担保前有权拒绝先为履行。设立不安抗辩权的目的在于，预防合同成立后情况发生变化而损害合同另一方的利益。

8. 合同的变更、转让

（1）合同的变更

合同变更是指当事人对已经发生法律效力，但尚未履行或者尚未完全履行的合同，进行修改或补充所达成的协议。合同法规定，当事人协商一致可以变更合同。合同变更后，当事人不得再按原合同履行，而须按变更后的合同履行。

（2）合同的转让

它是指合同一方将合同的权利、义务全部或部分转让给第三人的法律行为。合同的转让包括债权转让和债务承担两种情况，当事人也可将权利、义务一并转让。

9. 合同的终止

（1）合同终止的概念

合同终止，是指当事人之间根据合同确定的权利义务在客观上不复存在。合同终止是随着一定法律事实发生而发生的，与合同中止不同之处在于，合同中止只是在法定的特殊情况下，当事人暂时停止履行合同，当这种特殊情况消失以后，当事人仍然承担继续履行的义务；而合同终止是合同关系的消灭，不可能恢复。

合同的权利义务终止后，当事人应当遵循诚实信用的原则，根据交易习惯履行通知、协助、保密等义务。权利义务的终止不影响合同中结算和清理条款的效力。

（2）合同终止的原因

①债务已按照约定履行。债务已按照约定履行即是债务的清偿，是按照合同约定实现债权目的的行为。其含义与履行相同，但履行侧重于合同动态的过程，而清偿侧重于合同静态的实现结果。

清偿是合同的权利义务终止的最主要和最常见的原因。清偿一般由债务人为之，但不以债务人为限，也可能由债务人的代理人或者第三人进行合同清偿。清偿的标的物一般是合同规定的标的物，但是债权人同意，也可用合同规定的标的物以外的物品来清偿其债务。

②合同解除。合同解除是指对已经发生法律效力，但尚未履行或者尚未完全履行的合同，因当事人一方的意思表示或者双方的协议而使债权债务关系提前归于消灭的行为。合同解除可分为约定解除和法定解除两类。

约定解除是当事人通过行使约定的解除权或者双方协商决定进行的合同解除。当事人协商一致可以解除合同，即合同的协商解除。当事人也可以约定一方解除合同的条件，解除合同条件成就时，解除权人可以解除合同，即合同约定解除权的解除。

法定解除是解除条件直接由法律规定的合同解除。当法律规定的解除条件具备时，当事人可以解除合同。它与合同约定解除权的解除都是具备一定解除条件时，由一方行使解除权，区别则在于解除条件的来源不同。

③债务相互抵消。债务相互抵消是指两个人彼此互负债务，各以其债权充当债务的清偿，使双方的债务在等额范围内归于消灭。债务抵消可以分为约定债务抵消和法定债务抵消两类。

④债务人依法将标的物提存。标的物提存是指由于债权人的原因致使债务人无法向其交付标的物，债务人可以将标的物交给有关机关保存，以此消灭合同的制度。

⑤债权债务同归一方。债权债务同归一方也称混同，是指债权债务同归于一人而导致合同权利义务归于消灭的情况。但是，在合同标的物上设有第三人利益的，如债权上设有抵押权，则不能混同。混同是一种事实，无需任何意思表示。

⑥债权人免除债务。指债权人免除债务人的债务，即债权人以消灭债务人的债务为目的而抛弃债权的意思表示。债权人免除债务人部分或者全部债务的，合同的权利义务部分或者全部终止。因债务消灭的结果，从债务如利息债务、担保债务等也同时归于消灭。免除债务是一种民事法律行为，必须有抛弃的意思表示而不能以事实行为的方式做出。免除是一种无偿行为，必须以债权债务关系消灭为内容。

⑦合同的权利义务终止的其他情形。除了上述原因外，法律规定或者当事人约定合同终止的其他情形出现时，合同也告终止。如时效（取得时效）的期满、合同的撤销、作为合同主体的自然人死亡而其债务又无人承担等。

10. 违约责任

违约责任，是指当事人任何一方不能履行或履行合同不符合约定的而应当承担的法律责任。违约行为的表现形式包括不履行和不适当履行。不履行是指当事人不能履行或者拒绝履行合同义务。不能履行合同的当事人一般也应承担违约责任。不适当履行则包括不履行以外的其他所有违约情况。当事人一方不履行合同义务，或履行合同义务不符合约定的，应当承担继续履行、采取补救措施或者赔偿损失等违约责任。当事人双方都违反合同的，应各自承担相应的责任。

对于预期违约的，当事人也应当承担违约责任。当事人一方明确表现或者以自己的行为表明不履行合同的义务，对方可以在履行期限届满之前要求其承担违约责任。这是我国合同法严格责任原则的重要体制。

承担违约责任的原则。我国合同法规定的承担违约责任是以补偿性为原则的。补偿性是违约责任旨在弥补或者补偿因违约行为造成的损失。对于财产损失的赔偿范围，我国合同法规定，赔偿损失额应当相当于因违约行为所造成的

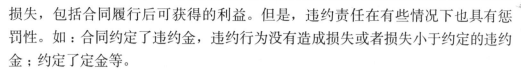

损失，包括合同履行后可获得的利益。但是，违约责任在有些情况下也具有惩罚性。如：合同约定了违约金，违约行为没有造成损失或者损失小于约定的违约金；约定了定金等。

承担违约责任的方式主要有以下几种：

（1）继续履行

继续履行是指违反合同的当事人不论是否承担了赔偿金或者违约金责任，都必须根据对方的要求，在自己能够履行的条件下，对合同未履行的部分继续履行。

（2）采取补救措施

所谓的补救措施主要是指我国民法通则和合同法中所确定的，在当事人违反合同的事实发生后，为防止损失发生或者扩大，而由违反合同一方依照法律规定或者约定采取的修理、更换、重新制作、退货、减少价格或者报酬等措施，以给权利人弥补或者挽回损失的责任形式。采取补救措施的责任形式，主要发生在质量不符合约定的情况下。

（3）赔偿损失

当事人一方不履行合同义务或者履行合同义务不符合约定的，给对方造成损失，应当赔偿对方的损失。损失赔偿额应当相当于因违约所造成的损失，包括合同履行后可以获得的利益，但不超过违反合同一方订立合同时预见或应当预见的因违反合同可能造成的损失。这种方式是承担违约责任的主要方式。

（4）支付违约金

当事人可以约定一方违约时应当根据违约情况向对方支付一定数额的违约金，也可以约定因违约产生的损失额的赔偿办法。约定违约金低于造成损失的，当事人可以请求人民法院或仲裁机构予以增加；约定违约金过分高于造成损失的，当事人可以请求人民法院或仲裁机构予以适当减少。

（5）定金罚则

当事人可以约定一方向对方给付定金作为债权的担保。债务人履行债务后定金应当抵作价款或收回。给付定金的一方不履行约定债务的，无权要求返还定金；收受定金的一方不履行约定债务的，应当双倍返还定金。

当事人既约定违约金，又约定定金的，一方违约时，对方可以选择适用违约金或定金条件。

但是，这两种违约责任不能合并使用。

11. 合同争议的解决

合同争议也称合同纠纷，是指合同当事人对合同规定的权利和义务产生了不同的理解。

合同争议的解决方式有协商、调解、仲裁、诉讼 4 种。

（1）协商种方式。

协商是指合同纠纷当事人在自愿友好的基础上，互相沟通、互相谅解，从而解决纠纷的一合同发生纠纷时，当事人应首先考虑通过协商解决纠纷。事实上，在合同的履行过程中，绝大多数纠纷都可以通过协商解决。

（2）调解

调解，是指合同当事人对合同所约定的权利、义务发生争议，经过协商后，不能达成和解协议时，在经济合同管理机关或有关机关、团体等的主持下，通过对当事人进行说服教育，促使双方互相做出适当的让步，平息争端，自愿达成协议，以求解决经济合同纠纷的方法。

（3）仲裁

仲裁亦称"公断"，是当事人双方在争议发生前或争议发生后达成协议，自愿将争议交给第三者做出裁决，并负有自动履行义务的一种解决争议的方式。这种争议解决方式必须是自愿的，因此必须有仲裁协议。如果当事人之间有仲裁协议，争议发生后又无法通过协商和调解解决，则应及时将争议提交仲裁机构仲裁。

仲裁制度具有以下原则：

①自愿原则。仲裁机构本身并无强制力，当事人采用仲裁方式解决纠纷，应当双方自愿，达成仲裁协议，如有一方不同意进行仲裁的，仲裁机构即无权受理纠纷。

②公平合理原则。仲裁的公平合理，是仲裁制度的生命力所在。这一原则要求仲裁机构要充分收集证据，听取纠纷双方的意见。仲裁应当根据事实。同时，仲裁应当符合法律规定。

③仲裁依法独立进行原则。仲裁机构是独立的组织，相互间也无隶属关系。仲裁依法独立进行，不受行政机关、社会团体和个人的干涉。

④一裁终局原则。由于仲裁是当事人基于对仲裁机构的信任做出的选择，因此其裁决是立即生效的。裁决做出后，当事人就同一纠纷再申请仲裁或者向人民法院起诉的，仲裁委员会或者人民法院不予受理。

（4）诉讼

诉讼，是指合同当事人依法请求人民法院行使审判权，审理双方之间发生的合同争议，做出由国家强制保证实现其合法权益，从而解决纠纷的审判活动。合同双方当事人如果无仲裁协议，则只能以诉讼作为解决争议最终方式。

对于一般的合同争议，由被告住所地或合同履行地人民法院管辖。我国的民事诉讼法也允许合同当事人在书面协议中选择被告住所地、合同履行地、合同签订地、原告住所地、标的物所在地人民法院管辖。对于建设工程合同的纠纷一般都适用不动产所在地的专属管辖，由工程所在地人民法院管辖。

二、工程造价行业的管理办法和规定，是工程造价咨询活动的依据和准则

我国主管工程造价咨询行业的是国家建设部，省、自治区、直辖市人民政府建设行政主管部门以及经国务院建设行政主管部门认可的特殊行业主管部门，这些部门颁布了一系列工程造价管理办法、工程造价咨询单位和从业人员管理规定。建设部先后出台了《建筑工程施工发包与承包计价管理办法》《工程造价咨询单位管理办法》《造价工程师注册管理办法》。各省、自治区、直辖市建设行政主管部门和特殊行业主管部门制定了相应的实施细则和地方工程造价管理办法。工程造价咨询行业协会受政府委托和行业自律性管理，制定了一系列行业管理规定，这些都是工程造价咨询单位和人员执业活动的依据和准则。

这里重点介绍一下建设部颁布的《建筑工程施工发包与承包计价管理办法》的内容，其他管理办法和规定本书其他章节已作介绍。

《建筑工程施工发包与承包计价管理办法》国家建设部 2001 年 11 月 5 日发布第 107 号部令，作为全国工程造价统一的管理办法。我国目前尚无工程造价法，很多法律、法规正在制定中，部分省市出台了建设工程造价管理办法，如广东省、黑龙江省、安徽省、云南省、重庆市等以省、市长令形式发布了建设工程造价管理办法，作为地方管理办法。国家建设部第 107 号部令共 24 条，自 2001 年 12 月 1 日起施行。其目的是规范建筑工程施工发包与承包计价行为，维护建筑工程发包与承包双方的合法权益，促进建筑市场的健康发展。

《建筑工程施工发包与承包计价管理办法》对房屋建筑工程和市政基础设施工程发包与承包计价包括编制施工图预算、招标标底、投标报价、工程结算和签订合同价等活动的管理作了统一规定。

（一）计价的原则

工程发承包计价应当遵循公平、合法和诚实信用的原则。工程发承包价在政府宏观调控下，由市场竞争形成。

（二）计价的方法

施工图预算、招标标底和投标报价由成本（直接费、间接费）、利润和税金构成。其编制可以采用以下计价方法：

1.工料单价法

分部分项工程量的单价为直接费。直接费以人工、材料、机械台班的消耗量及其相应价格确定。间接费、利润、税金按照国家和省、市规定计算。

2. 综合单价法

分部分项工程量的单价为全费用单价。全费用单价综合计算完成分部分项工程所发生的直接费、间接费、利润、税金。

3. 招投标计价

（1）招标标底价的计价依据

国务院和省、自治区、直辖市人民政府建设行政主管部门制定的工程造价计价办法以及其他有关规定；市场价格信息。

（2）投标报价

应当满足招标文件要求。投标报价应当依据企业定额和市场价格信息，并按照国务院和省、自治区、直辖市人民政府建设行政主管部门发布的工程造价计价办法进行编制。

（3）招投标工程

可以采用工程量清单方法编制招标标底价和投标报价工程量清单应当依据招标文件、施工设计图纸、施工现场条件和国家制定的统一工程量计算规则、分部分项工程项目划分、计量单位等进行编制。

4. 合同价确定

招标人与中标人应当根据中标价订立合同。发、承包双方在确定合同价时，应当考虑市场环境和生产要素价格变化对合同价的影响。

合同价可以采用固定价、可调价和成本加酬金等方式确定。固定价是指合同总价或者单价在合同约定的风险范围内不可调整。可调价是指合同总价或者单价在合同实施期内，根据合同约定的办法调整。

5. 工程预付款和工程款结算

建筑工程的发、承包双方应当根据建设行政主管部门的规定，结合工程款、建设工期和包工包料情况，在合同中约定预付工程款的具体事宜。

建筑工程发、承包双方应当按照合同约定，定期或者按照工程进度分段进行工程款结算。

6. 工程结算

工程竣工验收合格，应当按照下列规定进行竣工结算：

（1）承包方应当在工程竣工验收合格后的约定期限内提交竣工结算文件。

（2）发包方应当在收到竣工结算文件后的约定期限内予以答复。逾期未答复的，竣工结算文件视为已被认可。

（3）发包方对竣工结算文件有异议的，应当在答复期内向承包方提出，并可以在提出之日起的约定期限内与承包方协商。

（4）发包方在协商期内未与承包方协商或者经协商未能与承包方达成协议

的，应当委托工程造价咨询单位进行竣工结算审核。

（5）发包方应当在协商期满后的约定期限内向承包方提出工程造价咨询单位出具的竣工结算审核意见。

（6）发、承包双方在合同中对上述事项的期限没有明确约定的，可认为其约定期限均为 28 天。发、承包双方对工程造价咨询单位出具的竣工结算审核意见仍有异议，在接到该审核意见后 1 个月内可以向县级以上地方人民政府建设行政主管部门申请调解，调解不成，可以依法申请仲裁或者向人民法院提起诉讼。

工程竣工结算文件经发包方与承包方确认即应当作为工程决算的依据。

7. 工程造价计价资质和监督检查

（1）招标标底和工程量清单由具有编制招标文件能力的招标人或其委托的具有相应资质的工程造价咨询机构、招标代理机构编制。

投标报价由投标人或其委托的具有相应资质的工程造价咨询机构编制。

（2）招标标底、投标报价、工程结算审核和工程造价鉴定文件应当由造价工程师签字，并加盖造价工程师执业专用章。

（3）县级以上地方人民政府建设行政主管部门应当加强对建筑工程发、承包计价活动的监督检查。

8. 法律责任

（1）造价工程师在招标标底或者投标报价编制、工程结算审核和工程造价鉴定中，有意抬高、压低价格，情节严重的，由造价工程师注册管理机构注销其执业资格。

（2）工程造价咨询单位在建筑工程计价活动中有意抬高、压低价格或者提供虚假报告的，县级以上地方人民政府建设行政主管部门责令改正，并可处以 1 万元以上 3 万元以下的罚款；情节严重的，由发证机关注销工程造价咨询单位资质证书。

（3）国家机关工作人员在建筑工程计价监督管理工作中，玩忽职守、徇私舞弊、滥用职权的，由有关机关给予行政处分；构成犯罪的，依法追究刑事责任。

三、工程建设标准、图集、规范和各种工程计价制度是工程造价咨询的基本依据

工程建设标准、图集、规范种类很多，在建设准备阶段有建设标准和参考指标；在工程设计阶段有大量的标准图集、设计规范（包括建筑设计、结构设计、工艺设计规范等）和典型图例等都是重要的设计资料。在工程建设实施阶段，各种施工规范和验收标准、质量检测标准等都是工程造价咨询的依据。在招投标、施工承发包中国家统一制定了招投标范本和建设施工合同文本，这是工程造价咨

询的基本依据。

　　各种工程计价制度和计价管理办法是工程造价咨询的主要依据。目前我国建设部和有关部门发布了工程计价制度规定，建设项目经济方法、参数，工程概预算编制办法，竣工决算编制与审查规定和工程建设费用构成与划分等规定，都是工程造价咨询的依据。

四、工程计价依据

　　建设工程造价的计价依据（简称工程计价依据）是工程造价咨询的主要依据。

　　建设工程造价的计价依据是用以计算建设工程造价的基础资料的总称。主要分为工程建设定额，包括工程投资估算指标、概算定额、预算定额、工期定额、费用定额、建设工程工程量计价规范；工程基础单价，即人工单价、设备预算价格、材料价格、机械台班单价及其他计价依据等。

（一）工程建设定额

　　工程建设定额是指在工程建设中单位产品上消耗的人工、材料、机械、资金消耗的规定额度。这种规定的额度反映的是，在一定的社会生产力发展水平的条件下，完成工程建设中的某项产品与各种生产消费之间特定的数量关系。

　　在工程建设定额中、产品的外延是很不确定的，它可以指工程建设的最终产品——工程项目，例如：一个电视机厂、一所医院、一所学校；也可以是构成工程项目的某些完整的产品，如一所医院中的门诊楼。也可以是完整产品中的某些较大组成部分，例如，仅指医院门诊楼中的设备安装工程；还可以是较大组成部分中的较小部分，或更为细小的部分，如大楼基础中的人工挖孔桩等。

　　工程建设产品外延的不确定性，是由工程建设产品构造复杂，产品规模宏大，种类繁多，生产周期长等技术经济特点引起的。这些特点使工程定额在工程建设的管理中占有非常重要地位，同时也决定了工程建设定额的多种类、多层次。

　　工程建设定额是根据国家一定时期的管理体制和管理制度，根据不同定额的用途和适用范围，由指定的机构（如安徽省工程建设标准定额总站）按照一定的程序制定的，并按照规定的程序审批和颁发执行。工程建设定额是科学的测定和经验的结晶，它正确地反映工程建设和各种资源消耗之间的客观规律。

　　工程建设定额是工程建设中各类定额的总称。它包括许多种类定额。

1. 投资估算指标

　　投资估算指标是在项目建议书和可行性研究阶段编制投资估算、计算投资需要量时使用的一种定额。它非常概略，往往以独立的单项工程或完整的工程项目为计算对象，其概略程度与可行性研究阶段相适应。投资估算指标往往根据历史的预、决算资料和价格变动资料编制，但其编制基础仍然离不开预算定额、概算定额。

投资估算指标是为完成项目建设的投资估算提供依据和手段，它在固定资产的形成过程中起着投资预测、投资控制、投资效益分析的作用，是合理确定项目投资的基础。投资估算指标中的主要材料消耗量也是一种扩大基础。材料消耗量指标，可以作为计算建设项目主要材料消耗量的基础。投资估算指标的正确制定对于提高投资估算的准确度，对建设项目的合理评估、正确决策具有重要的意义。

2. 概算定额

概算定额是编制扩大初步设计概算时，计算和确定工程概算造价，计算劳动力、机械台班、材料需用量的定额。它的项目划分精细，与扩大初步设计的深度相适应。它一般是在预算定额基础上编制的，比预算定额综合扩大。

3. 预算定额

预算定额是规定消耗在单位的工程基本构造要素上的劳动力、材料和机械的数量标准，是计算建设产品价格的基础。

所谓工程基本构造要素，就是通常所说的分项工程和结构构件。预算定额按工程基本构造要素规定人工、材料和机械的消耗数量。它是工程建设中一项重要的技术经济文件，它的各项指标，反映了在完成单位分项工程消耗的活劳动和物化劳动的数量限度。这种限度最终决定着单项工程和单位工程成本和造价。

4. 费用定额

费用定额一般是指建筑安装工程费用定额，它以某个或多个自变量为计算基础，反映专项费用（应变量）社会必要劳动量的百分率和标准。它是定额的一种特殊形式。较常见的有建筑安装工程其他直接费定额、现场经费定额、间接费定额、工程建设其他费用定额等。

5. 建设工程工程量清单计价规范

建设工程工程量清单计价规范是在招投标工程中，实行工程量清单计价时强制性的国家标准，它是特殊的计价依据。计价规范共 5 章，包括总则、术语、工程量清单编制、工程量清单计价、工程量清单及其计价格式等内容。此外还有 5 个附录：附录 A，建筑工程工程量清单项目及计算规则；附录 B，装饰装修工程工程量清单项目及计算规则；附录 C，安装工程工程量清单项目及计算规则；附录 D，市政工程工程量清单项目及计算规则；附录 E，园林绿化工程工程量清单项目及计算规则。附录中包括项目编码、项目名称、项目特征、计量单位、工程量计算规则和工程内容，其中项目编码、项目名称、计量单位、工程量计算规则作为四统一的内容，要求招标人在编制工程量清单时必须执行。

6. 工期定额

工期定额是为各类工程规定的施工期限的定额天数。包括建设工期定额和施工工期定额。前者指建设项目或单项工程在建设过程中耗用的时间总量。后者指单项工程或单位工程从开工到完工所经历的时间。

如 2000 年《全国统一建筑安装工程安徽省工期定额》，由安徽省建设厅组织制定并发布，于 2000 年 12 月 1 日在全省范围内执行。它是编制招标文件的依据，是签订建筑安装工程施工合同，确定合理工期及施工索赔的基础，也是施工企业编制施工组织设计，确定投标工期，安排施工进度的参考。例如某高校教学楼现浇框架结构，10 层，建筑面积为 18000m2，无地下室底层建筑面积为 2000m2 框架基础。依据 2000 年《全国统一建筑安装工程安徽省工期定额》基础部分为 1—9 项目，工期天数 57 天，主体部分为 1—1022 项目，工期天数 330 天，那么该单项工程工期总天数为 387 天（日历天）。

（二）工程基础单价

工程基础单价是指工程计价的基础价格，主要包括人工单价、设备预算价格、材料价格、机械台班单价等。

1. 人工单价

人工单价是指一个建筑安装工人一个工作日在预算中应计入的全部人工费用。它基本上反映以建筑安装工人的工资水平和一个工人在一个工作日可以得到的报酬。人工单价由生产工人基本工资、工资性补贴、辅助工资、职工福利费和其他部分组成。

2. 设备预算价格

设备预算价格是指设备由出厂地点到达安装现场的全部费用，包括设备原价和设备运杂费。

3. 材料价格

材料价格是工程材料单价，主要有两种内涵，一是材料预算价格，二是材料市场信息价格。

（1）材料预算价格

它是指材料从来源地（或交货地）到达工地仓库后的综合平均出库价格。

（2）材料市场信息价格

它是由各地市根据当地工程建设材料市场行情变化定期发布的材料价格，包括运杂费和采保费。它是编制施工图预算和招标工程标底价的依据，是投标报价和承、发包双方签订合同的指导性价格。材料市场信息价格在我省各市一般按双月（或月）发布。

4. 机械台班单价

机械台班单价是指一台某种施工机械，在正常运转条件下一个工作班（8 小时）中所发生的全部费用。

（三）其他工程计价依据

与工程造价确定与控制有关的计价依据都是工程造价咨询活动的主要依据。如工程造价指数、工程类别的确定等对工程计价都有着直接作用。

1. 工程造价指数

工程造价指数是反映一定时期由于价格变化对工程造价影响程度的一种指标，它是调整工程造价价差的依据。

2. 工程类别

所谓工程类别是指依据工程的特征，如建筑物的檐口高度、跨度、建筑面积、层数以及建筑物的不同用途、规模大小、结构复杂程度、施工技术难易程度等将工程划分成为不同的工程类型。然后，针对不同工程类型分别确定该类工程的其他直接费、现场经费和间接费。建设工程取费由原来按照企业隶属关系、所有制形式和企业资质等级改革为按照工程类别取费，初步实现了工程造价由对企业定价转变为对工程本身（产品）进行定价，实现了工程造价由计划经济模式向市场经济过渡，实行了同工同酬、同品同价。

建设部早在 1993 年《关于调整建筑安装工程费用项目组成的若干规定》中明确提出，其他直接费、现场经费和间接费的费用内容、开支水平，可由各地区、各部门依据工程规模大小、技术难易程度、工期长短等划分不同工程类型，以编制年度市场价格水平，分别制定具有上下限幅度的指导性费率，供确定建设项目投资、编制招标工程标底和投标报价参考。

五、委托方提供的工程造价咨询依据

委托方提供的工程造价咨询依据是针对所委托的项目及咨询业务内容的。其种类和内容大致有以下几个方面。

（一）委托咨询合同和补充协议

合同中明确了咨询的业务范围、依据、内容和工作质量要求、工作时间等，是工程造价咨询双方都必须遵守的依据。

（二）经批准的项目建议书、项目建议书的审批文件等

在建设项目决策阶段，委托方应提供经有关部门批准的项目建议书、项目建议书的审批文件、业主单位委托书及其设想说明。其中设想说明应包括提出研究

目标、要求、范围、深度，以及业主方在市场、原料、技术、选址、资金来源方面的设想等。

（三）投资估算的基础资料

1. 可行性研究报告。
2. 拟建项目各单项工程的建设内容及工程量。
3. 其他有关技术资料和数据。

（四）设计概算的基础资料

1. 可行性研究报告及投资估算。
2. 工程设计图纸，包括采用的标准图集及有关技术资料。

（五）施工图预算（或标底）基础资料

1. 工程设计概算。
2. 施工组织设计或施工方案。
3. 招标工程，编制标底或投标报价，应提供招标文件及其答疑等基础资料。

（六）工程结算、决算基础资料

1. 建设工程承、发包施工合同及协议。
2. 工程施工图纸，包括工程设计变更图纸。
3. 施工组织设计或施工方案。
4. 招标文件、答疑及中标通知书。
5. 标底和报价。
6. 工程现场签证。
7. 已初审的工程结算书。
8. 审查的工程结算书和其他价格资料。

第四节 工程造价咨询方法

工程造价咨询方法是融合工程、技术、经济、管理、财务和法律等专业知识和分析方法在工程造价咨询领域的综合运用，并通过众多的工程造价咨询机构和大批造价工程师，在长期的工程造价咨询实践和研究中不断总结、不断创新发展出来的方法体系。

一、工程造价咨询方法的特点

随着科学技术的发展，工程技术、材料技术、计算机技术、系统学、运筹学、经济学、管理学、财务学等理论、方法发展和应用不断取得重大突破。同时，一批新的学科、技术和方法得以创立和运用。如德尔菲法、头脑风暴技术、网络技术、价值工程、经济评价、社会评价等。这些方法和理论在工程造价咨询中逐渐得到广泛应用，从而奠定了现代工程造价咨询方法的理论基础和方法体系。

现代工程造价咨询方法的特点是，定性分析和定量分析相结合，重视定量分析；静态分析与动态分析相结合，重视动态分析；统计分析与预测分析相结合，重视预测分析。

（一）定性分析与定量分析

1. 定性分析

定性分析是通过研究事物构成要素间的相互联系来揭示事物本质的方法，它是在逻辑分析、判断推理的基础上，对客观事物进行分析与综合，从而找出事物发展内在规律性，确定事物的本质。在咨询研究中，在许多难以用计量表达的场合，定性分析方法都能发挥重要作用。

2. 定量分析

定量分析是依据统计数据，选择建立合适的数学模型，计算出分析对象的各项指标及其数值的一种方法。它是通过反映一定质的事物与量的关系来揭示事物内在规律的方法，在数学、统计学、运筹学、计量学、计算机等学科基础之上，通过方程、数学图表和模型等方式来研究事物的本质。在咨询工作中采用定量分析的方法，对复杂事物进行数据处理，进行比较分析，可以使问题更为清晰，解决方案更精确。

（二）静态分析与动态分析

1. 静态分析

静态分析是观测和评价事物某一时点状态的一种方法。基于对历史和现状的观测和计算，可以对企业所处的环境状态、项目的效益状况等进行分析评价。如项目评价中通过计算静态投资回收期、投资利润率、投资利税率等指标，可以对项目的财务效益得出初步的判断。

2. 动态分析

在工程造价咨询服务的各个阶段，特别是在项目决策评价阶段，要树立动态观念，如考虑资金时间价值、市场供求变化、技术发展变化、社会经济环境的变化等。现代项目财务评价一般以动态分析为主，主要进行项目现金流量分析，计算财务净现值、内部收益率等指标，并进行风险概率分析等。

（三）统计分析与预测分析

1.统计分析

统计分析是对分析对象过去和现在的信息进行统计、收集、整理和分析。在现代工程决策研究咨询中经常需要采取多种方法和渠道，收集大量的统计数据，包括行业、区域、市场、技术、企业等的统计资料和信息，从而分析、归纳和总结事物的发展规律，把握发展动向；在项目执行阶段，也需要对项目的执行情况进行监控，对投资、质量、进度等进行统计分析，并与计划进行比较，判断项目的进展情况，以便采取有针对性的应对措施，促进项目的顺利进行。

2.预测分析

预测分析是依据分析对象过去和现在的信息，采用一定的方法，对事物未来发展趋势进行分析、推测、判断的方法。预测分析是工程咨询的重要方法，尤其是在投资前期决策阶段，预测分析是项目咨询的重要工作。投资项目决策是建立在对未来预测的基础上的，需要对未来的社会经济环境、产业政策走向、技术发展趋势、市场需求变化、原材料供应、配套条件约束、资金市场等进行预测。

二、常用的工程造价咨询方法

（一）项目评价方法

1.财务评价法

投资项目财务评价是项目投资决策的基本方法，也是造价工程师应该具备的基本技能和方法。投资项目财务评价包括财务盈利能力评价和债务清偿能力及财务可持续能力评价，其方法包括静态评价方法和动态评价方法两大类。

（1）投资项目的财务盈利能力评价等指标。

是在编制现金流量表和损益表的基础上，计算财务内部收益率、财务净现值、投资回收期

①静态评价方法：计算资本收益率、投资回收期法。

②动态分析方法：根据资金时间价值理论，利用折现分析的方法，计算投资项目的财务内部收益率、财务净现值等指标的分析方法。

（2）投资项目债务清偿能力及财务可持续性评价

①债务清偿能力评价：可以通过计算利息备付率、偿债备付率和借款偿还期等指标进行分析评价。

②财务可持续性评价：它是项目寿命期内企业的财务可持续性评价，是对整

个企业财务质量及其持续能力的整体评价，是在偿债能力评价基础上的更大范围的评价，不仅要评价企业借款的还本付息能力，而且还要分析企业的整个财务计划现金流量状况、资产负债结构及流动状况，是财务评价的重要内容。

2. 国民经济评价

国民经济评价是工程造价咨询的重要方法，它要求从整个国民经济的角度，从宏观经济的战略高度来评价投资项目对整个国民经济活动带来的影响，以及整个国民经济为投资项目付出的代价。

国民经济评价的基本方法是费用—效益分析方法。它要求运用影子价格、影子汇率、影子工资和社会折现率等国民经济参数，分析计算投资项目的国民经济费用和效益，评价项目投资行为的国民经济宏观可行性。

3. 方案经济比较法

方案经济比较是技术政策、发展战略、规划制定和项目评价的重要内容，在建设项目可行性研究中，各项主要经济与技术决策均应在对各种技术上可行的方案进行技术经济对比分析计算，并结合其他因素详细论证、比较的基础上做出抉择。

目前国内外常用的方案比较方法有两类：考虑资金时间价值的动态分析法，不考虑资金时间价值的静态分析法。动态分析法主要包括差额投资内部收益率法、现值比较法、年值比较法、最低价格法、效益／费用法。

（二）价值工程法

价值工程是指着重于功能分析，力求用最低的寿命周期总成本，生产出在功能上能充分满足用户要求的产品、服务或工程项目，从而获得最大经济效益的有组织的活动。

价值工程的运用，主要在项目评价或工程设计方案比较中。它是评价某一工程项目的功能与实现这一功能所消耗费用之比合理程度的尺度。它是以提高价值为目的，要求以最低的寿命周期成本实现产品的必要功能；以功能分析为核心；以有组织、有领导的活动为基础；以科学的技术方法为工具。

价值工程在工程项目评价或设计方案中应用，并不是对所有内容都进行价值分析，而是有选择地选择对象。其对象的选择方法有 ABC 法、比较法等。具体分析方法见本书有关章节。

（三）方案综合评价法

方案综合评价就是在建设项目各方案的各个部分、各阶段、各层次评价的基础上，谋求建设方案的整体优化，而不谋求某一项指标或几项指标的最优值，为决策者提供各种决策所需的信息。

传统的综合评价方法是列出建设项目的各项技术经济指标值，以及反映其他效果的非数量指标，由专家们论证后由决策者决定或不经论证直接由决策者决定建设项目的优劣。

现代综合评价方法，遵循一定的工作程序，即先确定目标、评价范围、评价指标体系、指标权重，再确定综合评价的依据，最后选择综合评价方法，做出评价结论。这个工作程序中包括预测、分析、评定、协调、计算、模拟、综合等工作，而且是交叉和反复进行的。

（四）概率分析法

概率分析也称为风险分析，当某方案中有关参数值不确定，但知道其概率分布时，就可作概率分析。概率分析法是在对不确定因素的概率大致估计的情况下，研究和计算各种经济效益指标的期望值及风险程度的一种分析方法。

这种方法多用于项目决策、设计方案和施工方案的选择，更多地用于工程招投标中投标报价的决策。

（五）概预算法

工程概预算是确定工程造价最基本的方法，它是由建设程序和建设项目特点以及建筑产品特点所决定的。目前我国概预算法虽有一定的差异，但大体归纳为两大类：一是定额计价法，二是工程量清单计价法。

1. 定额计价法

定额计价法是根据国家和有关部门制定发布的各种工程建设计价定额，结合工程图纸或工程资料，按照工程造价计算程序计算工程造价。它又分为工料单价法和综合单价法，见本章第四节。这种方法在我国普遍采用。投资估算、概算、预算、结算、决算、工程造价鉴定等都采用这种方法计算工程造价。

2. 工程量清单计价法

工程量清单计价法是指由招标单位按照国家建设工程工程量清单计价规范（包括统一的工程项目划分和项目编码、统一的计量单位、统一的工程量计算规则），根据设计图纸计算工程量并予以统计、排列，从而得出清单。投标单位据此清单，结合拟建工程和企业自身情况进行报价，作为评标、定标和施工合同签订的依据，并据此进行工程造价的结算、决算。

为了积极推行工程量清单计价方法，2001年10月25日经过建设部第49次常务会议审议通过，以建设部第107号部长令发布，自2001年12月1日起施行的《建筑工程发包与承包计价管理办法》第八条提出了"招标投标工程可以采用工程量清单方法编制招标标底和投标报价"，推行工程量清单计价方法，它是工程造价计价方法改革的一项具体措施，也是我国加入WTO与国际惯例接轨的必然要求。工程量清单计价与以往定额加取费的计价模式相比有以下几个特点：

（1）工程量清单反映了工程的实物消耗和有关费用，易于结合工程的具体情况进行计价，更能反映工程的个别成本和实际造价。

（2）工程量清单在招投标的活动中作为招标文件的一部分，针对目前建设单位在招标中盲目压价和结算无依据的状况，同时可以避免工程招标中的弄虚作假、暗箱操作等不规范的招标行为。

（3）工程量清单计价方法对于计价依据改革具有推动作用，特别是施工企业通过采用工程量清单综合单价计价，有利于施工企业编制自己的企业定额，从而改变过去企业过分依赖国家发布定额和现有定额中束缚企业自主报价的状况。

（4）工程量清单计价方法可以加强工程实施阶段结算与合同价的管理，工程量清单作为工程结算的主要依据之一，在工程变更、工程款支付与结算方面的规范管理将起到积极的作用。

第五章　建设项目工程造价的信息化管理

第一节　BIM 概述

一、BIM 概念

美国人 Chuck M.Eastman 于 1975 年提出 BIM 的相关概念。此后，麦克格劳 - 希尔公司在《The Business Value of BIM》(《BIM 的商业价值》) 的市场调研报告中，认为 "BIM 是利用数字模型对项目进行设计、施工和运营的过程"。本书借鉴按照美国国家 BIM 标准 (NBIMS) 对 BIM 的定义，讲释如下：

1. BIM 是一个设施（建设项目）物理和功能特性的数字表达。

2. BIM 是一个共享的知识资源，为该设施从概念到拆除的全生命周期中的所有决策提供可靠依据的过程。

3. 在项目的不同阶段，不同利益相关方通过在 BIM 中插入、提取、更新和修改信息，以支持和反映其各自职责的协同作业。

综上所述，可以将 BIM 定义总结为：一种应用于工程项目全生命周期管理的数据化工具，通过整合项目的相关信息数据，建立参数模型，使得在项目管理的全生命周期过程中实现信息的共享和传递，使工程项目管理人员对各种建筑信息作出正确理解和高效应对，为项目团队以及包括建筑运营单位在内的各方建设主体提供协同工作的基础，以达到提高生产效率、节约成本和缩短工期等目标。

二、BIM 特点

BIM 一般具有可视化（Visualization）、协调性（Coordination）、模拟性（Simulation）、优化性（Optimization）、可出图性（Documentation）和联动性（Linkage）六大特点。

（一）可视化

BIM 是一种能够同构件之间形成互动性和反馈性的可视。可视化的结果不仅可以用作效果图的展示及报表的生成，更重要的是，项目设计、建造、运营过程中的沟通、讨论、决策都可以在可视化的状态下进行。

对于建筑行业来说，可视化在建筑业中能起到非常大的作用，例如：经常拿到的施工图纸，只是各个构件的信息在图纸上采用线条来绘制表达，但是其真正的构造形式就需要建筑业参与人员凭借识图的能力和经验去自行想象。对于一般简单的东西来说，这种想象也未尝不可，但是现在建筑业的建筑形式各异，复杂造型在不断推出，仅靠人脑想象难度很大。

而 BIM 提供了可视化的思路，让人们将以往的线条式的构件形成一种三维的立体实物图形展示在人们的面前。

虽然现在建筑业也有设计方面出效果图的事情，但是这种效果图是分包给专业的效果图制作团队通过进行线条式信息的识读设计并制作出的，并不是通过构件的信息自动生成的，缺少了同构件之间的互动性和反馈性，而 BIM 所说的可视化是一种能够同构件之间形成互动性和反馈性的可视。在 BIM 建筑信息模型中，由于整个过程都是可视化的，所以，可视化的结果不仅可以用作效果图的展示及报表的生成，更重要的是 BIM 技术实现了项目设计、建造、运营维护、拆除的全生命周期的可视化，并且这些过程中的沟通、讨论、决策都可以在可视化的状态下进行。

（二）协调性

BIM 在建筑物建造前就可以实现对各专业的碰撞问题进行协调，生成协调数据，例如电梯井布置与其他设计布置及净空要求的协调，防火分区与其他设计布置的协调，地下排水布置与其他设计布置的协调等。

协调是建筑业日常工作中的重点内容，无论是设计、施工单位还是业主单位，无不耗费大量的精力去做着协调及相互配合的工作。现在国内的设计工作往往是建筑、结构、给排水、供暖、通风、强电系统、弱电系统等各个专业自行进行设计，所形成的也是各个专业的施工图纸。由于各个专业之间的协调不够，经常会出现管线之间、管线与结构冲突碰撞等问题。

施工中协调工作更加明显，设计中的冲突碰撞问题、施工组织中协调问题、业主方提出的变更等都会造成施工过程中的问题，一旦项目在实施过程中遇到问题，就要将各有关人士组织起来开协调会，寻找各施工问题发生的原因及解决办法，然后作出变更，采取相应的补救措施。由于这种协调是事后的协调，此时错误已经发生，造成损失不可避免。通过 BIM 可以帮助处理这种问题，在建筑物建造前对各专业的碰撞问题进行检查协调，生成修改意见并提供给各专业设计方，将损失减小到最低。

（三）模拟性

模拟性并不是只能模拟设计出的建筑物模型，还可以模拟不能在真实世界中进行操作的事物。在设计阶段，BIM 可以对设计上需要进行模拟的一些东西进行模拟实验，例如：节能模拟、日照模拟、热能传导模拟、紧急疏散模拟、人员车辆流线模拟等；在招投标和施工阶段可以进行 4D 模拟（三维模型加项目的发展时间），也就是根据施工的组织设计模拟实际施工，从而来确定合理的施工方案来指导施工。例如，在上海中心大厦项目施工中由于垂直运输运力有限，每当上下班高峰期或者是物料的运输高峰期都会出现冲突，所以项目部特地为此成立了协调指挥小组，各个施工方需要提前一天将次日的运输计划上报，统一协调运输。同时还可以进行 5D 模拟（基于 3D 模型和造价信息的随时间动态模拟），从而来实现成本控制；后期运营阶段可以模拟日常紧急情况的处理方式的模拟，例如地震人员逃生模拟及消防人员疏散模拟等。

（四）优化性

项目优化一般受信息、复杂程度和时间的制约。而 BIM 技术可以在这 3 个层面有较大的突破：

1.BIM 模型提供建筑物实际存在的信息，包括几何信息、物理信息、规则信息，以及建筑物变化的实时状态信息。

2. 由于现代建筑物的复杂程度大多超过参与人员自身的能力极限，BIM 及与其配套的各种优化工具提供对复杂项目进行优化的可能。

3. 利用 BIM 可以极大地缩短信息收集分析处理的时间，也可以对方案进行快速的优化修改，提高了方案修改的效率，在相同的时间内可以对方案进行更多更细致的优化。

目前基于 BIM 的优化可以做下面的工作：

1. 项目方案优化：把项目设计和投资回报分析结合起来，设计变化对投资回报的影响可以实时计算出来；这样业主对设计方案的选择就不会主要停留在对形状的评价上，而可以知道哪种项目设计方案更有利于自身的需求。

2. 特殊项目的设计优化：例如裙楼、幕墙、屋顶、大空间和到处可以看到的异型设计，这些内容看起来占整个建筑的比例不大，但是占投资和工作量的比例和前者相比却往往要大得多，而且通常也是施工难度比较大和施工问题比较多的地方，对这些内容的设计施工方案进行优化，可以带来显著的工期和造价改进。

（五）可出图性

BIM 可以利用软件快速地生成施工所用二维的平面、立面、剖面等图纸，但是 BIM 的可出图性的内涵要远大于此。BIM 相关软件可以对建筑构建实现深化设计，生成构件的图纸，甚至实现无纸化加工。此外，通过对建筑物进行了可视化展示、协调、模拟、优化以后，可以帮助业主生成如：1.综合管线图。2.综合结构留洞图。3.碰撞检查报告和建议改进方案等。

（六）联动性

传统的项目设计阶段，项目一旦发生更改就需要将已经出图的平面、立面、剖面进行修改，并且工程造价等基于建筑图纸的信息也需要依次进行修改，这样的工作效率较为低下。

反之，通过 BIM 技术，直接实现三维建模和参数化设计，对模型本身的修改可以直接反映在所有视图和数据上，这样不仅可以提高工作效率，还可以尽可能地减少信息传递所造成的错误。

三、BIM 相关软件

BIM 概念涉及的领域比较广，包含项目从前期规划设计、施工及后期运营管理整个生命周期，因此每个领域都有与之相关的 BIM 软件。所以 BIM 软件并非为单一或者一个系列软件，而是以一个核心建模软件为基础、各专业软件为支撑的软件集群。下面仅选取一些重要的软件进行分类讨论。

（一）核心建模软件

1. Autodesk Revit 原是 Autodesk 公司一套系列软件的名称，现在 Revit 软件将原先 Autodesk Revit Architecture，Autodesk Revit MEP 和 Autodesk Revit Structure 三个软件的功能统一到 Revit 一个软件中。Revit 在民用建筑行业的市场占有率高，自身还能解决多专业的问题。Revit 不仅有建筑、结构、设备，还有协同、远程协同，带材质输入到 3DMAX 的渲染、云渲染，碰撞分析，绿色建筑分析等功能。

2. CATIA 是法国达索公司的产品开发旗舰解决方案。作为 PLM 协同解决方案的一个重要组成部分，它可以帮助制造厂商设计他们未来的产品，并支持从项目前阶段、具体的设计、分析、模拟、组装到维护在内的全部工业设计流程。CATIA 系列产品可以在八大领域里提供 3D 设计和模拟解决方案：汽车、航空航天、船舶制造、厂房设计（主要是钢结构厂房）、建筑、电力与电子、消费品和通用机械制造。CATIA 建模能力强大，拥有先进的混合建模技术，在处理复杂形体和超大规模模型时较一般建筑模型软件有优势。其所有模块具有全相关性，可以覆盖产品开发的整个过程。

3. Bentley 是一家美国软件公司的名称，旗下有建模软件 AECOsim Building Designer、电气设计软件 Bentley Building Electrical Systems、机械设计软件

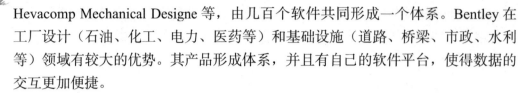

Hevacomp Mechanical Designe 等，由几百个软件共同形成一个体系。Bentley 在工厂设计（石油、化工、电力、医药等）和基础设施（道路、桥梁、市政、水利等）领域有较大的优势。其产品形成体系，并且有自己的软件平台，使得数据的交互更加便捷。

（二）方案设计软件

方案设计软件是把业主的要求通过软件进行建模，在遇到较为复杂抽象的建筑物形体时可以较为快捷方便地进行建筑物设计。这方面软件包括 Onuma Panning System、Affinity、Sketchup、Rhin 和 FormZ 等。

（三）结构分析软件

结构分析软件是目前和 BIM 核心建模软件集成度比较高的产品，基本上两者之间可以实现双向信息交换。即结构分析软件可以使用 BIM 核心建模软件的信息进行结构分析，分析结果对结构的调整又可以反馈回到 BIM 核心建模软件并自动更新 BIM 模型。ANSYS、ETABS、STAAD，Robot 等国外软件及 PKPM 等国内软件都可以与 BIM 核心建模软件配合使用。

（四）机电分析软件

水暖电等设备和电气分析软件的国外产品有 Designmaster、IES Virtual Environment、Trane Trace 等，国内产品有鸿业、博超等。

（五）造价管理软件

造价管理软件利用 BIM 模型提供的信息进行工程量统计和造价分析，由于 BIM 模型结构化数据的支持，基于 BIM 技术的造价管理软件可以根据工程施工计划动态提供造价管理需要的数据，这就是所谓 BIM 技术的 5D 应用。

Revit 等建模软件都有工程量统计的功能，国外的 BIM 造价管理有 Innovaya 和 Solibri，而鲁班、广联达、斯维尔是国内 BIM 造价管理软件的代表。

（六）可持续分析软件

可持续或者绿色分析软件可以使用 BIM 模型的信息对项目进行采光日照、风环境、供暖通风、景观可视度、噪音等方面的分析，主要软件有国外的 Echotect、IES、Green Building Studio 以及国内的 PKPM、斯维尔等。

（七）可视化软件

可视化软件是在项目的不同阶段以及各种变化情况下快速产生可视化效果。常用的可视化软件包括 3DS Max、Artlantis、AccuRende 和 Lightscape 等。

（八）BIM 模型检查软件

BIM 模型检查软件既可以用来检查模型本身的质量和完整性也可以用来检查设计是否符合业主的要求，是否符合规范的要求等。目前，具有市场影响的 BIM 模型检查软件是 Solibri Model Checker，但 Autodesk Revit 软件自身也有模型检查的功能。

（九）深化设计软件

Tekla Structure（Xsteel）是目前领先的基于 BIM 技术的钢结构深化设计软件，该软件可以使用 BIM 核心建模软件的数据，对钢结构进行面向加工、安装的详细设计，生成钢结构施工图（加工图、深化图、详图）、材料表、数控机床加工代码等。

（十）BIM 模型综合碰撞检查软件

有两个根本原因直接导致了模型综合碰撞检查软件的出现：

1. 不同专业人员使用各自的 BIM 核心建模软件建立自己专业相关的 BIM 模型，这些模型需要在一个环境里面集成起来才能完成整个项目的设计、分析、模拟，而这些不同的 BIM 核心建模软件无法实现这一点。

2. 对于大型项目来说，硬件条件的限制使得 BIM 核心建模软件无法在一个文件里面操作整个项目模型，但是又必须把这些分开创建的局部模型整合在一起研究整个项目的设计、施工及其运营状态。

模型综合碰撞检查软件的基本功能包括集成各种三维软件创建的模型，进行 3D 协调、4D 计划、可视化、动态模拟等，属于项目评估、审核软件的一种。常见的模型综合碰撞检查软件有 Autodesk Navisworks、Bentley Projectwise Navigator 和 Solihri Model Checker 等。

（十一）BIM 运营管理软件

BIM 模型为建筑物的运营管理阶段服务是 BIM 应用重要的推动力和工作目标，在这方面美国运营管理软件 ArchiBUS 是最有市场影响的软件之一。

（十二）二维绘图软件

从 BIM 技术的发展目标来看，二维施工图应该是 BIM 模型的其中一个表现形式和一个输出功能而已，不再需要有专门的二维绘图软件与之配合，但是目前情况下，施工图仍然是工程建设行业设计、施工、运营所依据的法律文件，BIM 软件的直接输出还不能满足市场对施工图的要求，因此二维绘图软件仍然是不可或缺的施工图生产工具。较有影响力的是：Autodesk 公司的 AutoCAD 和 Bentley

公司的 Microstation。

（十三）BIM 发布审核软件

最常用的 BIM 成果发布审核软件包括 Autodesk、Design Review、Adobe PDF 和 Adobe 3D PDF，发布审核软件把 BIM 的成果发布成静态的、轻型的、包含大部分智能信息的、不能编辑修改但可以标注审核意见的、更多人可以访问的格式，如 DOVF、PDF、3D 等，供项目其他参与方进行审核或者利用。

由于 BIM 是一个共同工作协调的过程，软件的数据需要遵守统一的交互规则。现在国际上对 BIM 相关软件的执行的主要是 IFC 标准。IFC 标准，是 IAI （International Alliance for Interoperability）组织发布的开放的建筑产品数据表达与交换标准，是建筑工程软件交换和共享信息的基础。IFC 标准的制订遵循了由国际标准化组织（ISO）组织开发的产品模型数据交换标准，即 STEP 标准。

四、BIM 的应用价值

BIM 通过软件建模，把真实的建筑信息参数化、数字化后形成一个模型，以此模型为平台，从设计师、工程师一直到施工单位和建成后业主的运营维护等各个项目全生命周期的参与方，在直到项目生命周期结束被拆毁的整个项目周期里，都能统一调用、共享并逐步完善该数字模型。建立以 BIM 应用为载体的项目管理信息化，提升项目生产效率、提高建筑质量、缩短工期、降低建造成本。BIM 技术的产业化应用，具有显著的经济效益、社会效益和环境效益。2007 年颁布的美国 BIM 标准以 BIM 技术为代表的信息化技术制定的目标是：到 2020 年为美国工程建设行业每年节约 2000 亿美元。

美国斯坦福大学整合设施工程中心（CIFE）根据 32 个项目总结了使用 BIM 技术的效果如下：

1. 消除 40% 预算外变更。

2. 造价估算耗费时间缩短 80%。

3. 通过发现和解决冲突，合同价格降低 10%。

4. 项目工期缩短 7%，及早实现投资回报。

BIM 技术在工程中产生的具体价值，体现在以下 8 个方面：

（一）三维建模，方案展示

经过渲染三维模型动画，可以给人以真实感和直接的视觉冲击，特别是在复杂的空间三维形态的表达中，模型展示是最清晰直观的方式。而建好的 BIM 模型可以与专业建筑模型软件进行数据交互，使得 BIM 模型可以作为二次渲染开发的模型基础，大大提高了三维渲染效果的精度与效率，业主可以通过三维模型和漫游展示更为直观地了解项目具体的设计情况，减少业主盲目干预设计情况的发生。除对业主的方案展示外，设计、施工各方也可以通过动态漫游找到设计中的不合理问题提前进行修改。

（二）快速算量，精度提升

BIM 数据库的创建，通过建立 5D 关联数据库，可以准确快速计算工程量，在方案比选阶段就能对各个方案的工程量进行分析，可以提升施工预算的精度与效率。在施工阶段对方案的修改造成的工程量变动也能实时反映出来。由于 BIM 数据库的数据粒度达到了构件级，所以可以快速提供支撑项目各条线管理所需的数据信息，有效提升施工管理效率。

（三）精确计划，减少浪费

施工企业精细化管理很难实现的根本原因在于海量的工程数据，无法快速准确获取以支持资源计划，致使经验主义盛行。而 BIM 技术的出现，可以让相关管理条线快速准确地获得工程基础数据，为施工企业制订精确人、材计划提供有效支撑，大大减少资源、物流和仓储环节的浪费，为实现限额领料、消耗控制提供技术支撑。

（四）计算对比，有效管控

管理的支撑是数据，项目管理的基础就是工程基础数据的管理，及时、准确地获取相关工程数据就是项目管理的核心竞争力。BIM 数据库可以实现任一时点上工程基础信息的快速获取，通过合同、计划与实际施工的消耗量、分项单价、分项合价等数据的计算对比，可以有效了解项目运营的实际成本，消耗量是否超标，进货分包单价是否失控等问题，实现对项目成本、进度、质量等目标的实时分析，实现对风险的有效管控。

（五）模拟施工，有效协同

三维可视化功能再加上时间维度形成 4D-BIM 模型，可以进行虚拟施工。随时随地直观快速地将施工计划与实际进展进行对比，同时进行有效协同，施工方、监理方甚至非工程行业出身的业主领导都对工程项目的各种问题和情况了如指掌。这样通过 BIM 技术结合施工方案、施工模拟和现场视频监测，最大限度地减少建筑质量问题、安全问题，减少返工和整改。

（六）检查碰撞，减少返工

利用 BIM 的三维技术在前期可以进行碰撞检查，优化工程设计，减少在建筑施工阶段可能存在的错误损失并降低返工的可能性，而且优化净空，优化管线

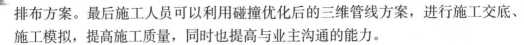

排布方案。最后施工人员可以利用碰撞优化后的三维管线方案，进行施工交底、施工模拟，提高施工质量，同时也提高与业主沟通的能力。

（七）数据调用，支持决策

BIM 数据库中的数据具有可计量的特点，大量工程相关的信息可以为工程提供数据后台的巨大支撑。BIM 中的项目基础数据可以在各管理部门进行协同和共享，工程量信息可以根据时空维度、构件类型等进行汇总、拆分、对比分析等，保证工程基础数据及时、准确地提供，为决策者制订工程造价项目群管理、进度款管理等方面的决策提供依据。

（八）资料统计，方便运维

在现阶段的物业管理阶段中往往会出现工程资料缺失，或者工程资料与实际情况不符的现象，给设备维护、维修都造成较多问题。BIM 技术的应用可以使资料的管理变得更加容易，可以通过程序实现自动判定故障源、自动提示检修等功能。此外，还可以通过建筑模型和财务系统的结合自动计算可租赁面积、已租赁面积、租金收入等财务数据，为运营提供数据支持。

第二节　BIM 与工程项目管理

一、BIM 在工程项目管理中的应用

（一）BIM 技术适用于从设计到施工到运营管理的全过程

对设计单位来说，BIM 采用三维数字技术，实现了可视化设计。因为实现了图纸和构件的模块化（图元），并且有功能强大的族和库的支持，设计人员可以方便地进行模型搭建。该模型包含了项目的各种相关信息，如构件的坐标、尺寸、材质、构造、工期、造价等。因此，BIM 技术创建的工程项目模型实质上是一个可视化的数据库，这是与 AutoCAD、MicroStation 等传统绘图软件显著不同的地方；另一个不同之处是，采用 BIM 技术以后，枯燥的制图变成了一个类似搭积木的工作，过程和结果都更加直观，更有趣味性。搭建的三维模型能够自动生成平面、立面和剖面等各种视图和详图，将设计人员从抽象繁琐的空间想象中解脱出来，提高了工作效率，减少错误的发生。另外，BIM 与很多专业设计工具能够很好地对接，这使得各专业设计人员能够对 BIM 模型进行进一步地分析和设计；同时，BIM 模型是项目各专业相关信息的集成，方便地实现了各专业的协同，避免冲突，降低成本。

对施工单位来说，因为包含工期和造价等信息，BIM 模型从三维拓展到五维，能够同步提供施工所需的信息，如进度成本、清单。施工方能够在此基础上对成本做出预测，并合理控制成本。同时，BIM 还便于施工方进行施工过程分析，构件的加工和安装。基于 BIM 技术的四维施工模拟，不仅可以直观地体现施工的界面、顺序，从而使总承包与各专业施工之间的施工协调变得清晰明了，而且将四维施工模拟与施工组织方案相结合，使设备材料进场、劳动力配置、机械排版等各项工作的安排变得更为有效、经济。

对项目管理公司来说，BIM 的作用主要体现：冲突识别，如识别管线、设备、构件之间的碰撞，是否满足净高要求等；建立可视化的模拟环境，更可靠地判断现场条件，为编制进度计划、施工顺序、场地布置、物流人员安排等提供依据。时下流行的项目管理软件 P3/P6 单纯依靠图表和文字对项目进行描述，缺乏一个直观形象的载体。BIM 恰恰弥补了这个缺陷，不但为项目管理者提供了一个实体参考，输出的结果也更加直观具体；BIM 模型能够自动生成材料和设备明细表，为工程量计算、造价、预算和决算提供了有利的依据。以往工程量计算都是在图纸上量，或使用鲁班和广联达等软件重新建模计算，与原有的设计模型难免产生偏差，耗时费力，结果也不准确。现在，借助 BIM 技术，造价人员直接使用原有的设计模型，提高效率和准确性。最后，BIM 提供三维效果图、动画和漫游等功能，使非技术人员看到可视化的最终产品。

（二）BIM 技术在项目全生命周期中的应用归纳

1.前期计划阶段：可以利用 BIM 提供的信息数据进行大数据调查以确定方案的选择。

在前期计划的阶段可以对建造成本进行大致的估算，为方案比选的决策提供参考信息。

2.概念产生阶段（信息化分析、可视化展示等）：可以利用 BIM 的建模功能对设计概念进行可视化展示。

3.勘察测绘阶段（GIS 测绘，BIM 展示等）：可以利用 GIS 提供的数据可以直接指导设计方案。

4.设计阶段（环境分析、参数化设计、交通线规划等）：BIM 技术可出图性使得设计人员完成三维设计之后快速生成所需要的二维图纸。BIM 技术将原有多个部门的设计进行整合，进行碰撞检查找出各个设计之间的碰撞点，进行方案优化。

（1）在建筑设计阶段：由于使用了参数化设计，在设计阶段利用 BIM 技术不仅能实现原有三维几何建模软件的建模和效果图渲染功能，而且还在室内环境分析、建筑能耗分析、动线设计及模拟、紧急疏散模拟、停车场设计、内外部交通线路规划等方面有着巨大的优势，改变了传统的设计模式。

（2）结构设计阶段：通过相应的有限元分析软件实现对结构设计计算。对钢结构的复杂结点模型进行深度优化，得到的数据结果可以直接输出并用于指导厂家的生产。

（3）MEP 设计阶段：利用 BIM 软件进行三维设计，并可以进行碰撞检查。

5. 建设过程（工程自动化、方案优化、施工模拟、安全监控、供应链管控、4D、5D 等）：

（1）3D（三维模型）+时间所形成的 4D-BIM，可以用于施工方案的模拟以优化原有的施工方案。

（2）4D+成本形成的 5D-BIM，则在 4D-BIM 上更进一步，将成本与进度进行结合，可以直观反映出工程成本的形成过程，方便成本管理。

（3）利用 BIM 的模拟仿真，可以提前对施工场地布置的合理性进行分析。并结合 RFID 技术实现对工地人员的安全监控、对材料的储存与运输进行精细化管理。

（4）随着技术的发展利用 BIM 技术可以结合自动化技术，如：3D 打印技术。实现工程自动化。

6. 运维维护阶段（维修检测、大数据分析、BAS、物流管理、3D 点云、清理修整等，智慧城市也包含在内）：

（1）BIM 模型和数据交付运营方，可以快速查询故障点分析故障原因。也可以通过 BIM 模型制订维护检修方案。

（2）BIM 技术与 BAS 楼宇自动化系统进行结合，实现对建筑环境、安全消防、设备运行情况进行实时监测，并实时做出相应的调整与信息反馈。

（3）物流管理与上述的施工现场物料仓储运输类似，结合 RFID 技术进行仓储管理。

（4）BIM 可以利用三维扫描所形成 3D 点云对已有建筑，特别是缺少工程资料的历史建筑进行建模，为已有建筑的保护维护提供基础资料。

（5）智慧城市，通过 BIM 技术对城市的交通、市政基础设施运营进行实时监控，也可以在新建项目时全面提供该地块埋设管线的详细信息。

7. 建筑拆除阶段（爆破模拟、环境绿化、粉尘处理、建筑废弃物运输处理等）

在建筑物拆除过程中，首先通过运维数据筛选出可回收再利用的部分将其提前拆除回收。对无法回收的部分可以分析拆除的顺序与方式。对主体结构实行爆破拆除时可以进行爆破模拟，将振动、粉尘等对周边的不利影响降到最低。BIM 也可以用于拆除后的废弃物运输方案制订。

（三）按照使用者对 BIM 技术应用情况的归纳

1. 业主方

（1）记录和评估存量物业：用 BIM 模型来记录和评估已有物业，可以为业主更好地管理物业生命周期运营的成本，如果能够把物业的 BIM 信息和业主的业务决策和管理系统集成，就能让业主如虎添翼。

（2）产品规划：通过 BIM 模型使设计方案和投资回报分析的财务工具集成，业主就可以实时了解设计方案变化对项目投资收益的影响。

（3）设计评估和招投标：通过 BIM 模型帮助业主检查设计院提供的设计方案在满足多专业协调、规划、消防、安全以及日照、节能、建造成本等各方面要求上的表现，保证提供正确和准确的招标文件。

（4）项目沟通和协同：利用 BIM 的 3D、4D（三维模型＋时间）、5D（三维模型＋时间＋成本）决策时间和减少由于理解不同带来的错误。

（5）和 GIS 系统集成：无论业内人士还是公众都可以用和真实世界同样的方法利用物业的信息，对营销、物业使用和应急响应等都有极大帮助。

（6）物业管理和维护：BIM 模型包括了物业使用、维护、调试手册中需要的所有信息，同时为物业改建、扩建、重建或退役等重大变化都提供完整的原始信息。

2. 设计方

（1）方案设计：使用 BIM 技术能进行造型、体量和空间分析外，还可以同时进行能耗分析和建造成本分析等，使得初期方案决策更具有科学性。

（2）扩初设计：建筑、结构、机电各专业建立 BIM 模型，利用模型信息进行能耗、结构、声学、热工、日照等分析，进行各种干涉检查和规范检查，以及进行工程量统计。

（3）施工图：各种平面、立面、剖面图纸和统计报表都从 BIM 模型中得到。

（4）设计协同：设计有上十个甚至几十个专业需要协调，包括设计计划、互提资料、校对审核、版本控制等。

（5）设计工作重心前移：目前设计师 50% 以上的工作量用在施工图阶段，以至于设计师得到了一个无奈的但又名副其实的称号——"画图匠"，BIM 可以帮助设计师把主要工作放到方案和扩初阶段，恢复设计师的本来面目。

3. 施工方

（1）虚拟建造：在 BIM 模型中使用实际产品后进行物理碰撞（硬碰撞）和规则碰撞（软碰撞）检查。

（2）施工分析和规划：BIM 和施工计划集成的 4D 模拟，时间—空间合成以后的碰撞检查。

（3）成本和工期管理：BIM、施工计划和采购计划集成的 5D 模拟。

（4）预制：BIM 和数控制造集成的自动化工厂预制。

（5）现场施工：BIM 和移动技术、RFID 技术以及 GPS 技术集成的现场施工情况动态跟踪。

二、BIM 与工程项目管理的关系

人们在接触学习 BIM 时会有明显的误区，最常见的两个误区是：BIM 是几款软件的集合；BIM 无所不能。

这两个误区代表的是两个认识的极端，持前一种观点的人士往往认为 BIM 是单纯的工具并不会改变现有工作模式，持后一种观点的人士会认为有了 BIM 就要抛弃传统的项目管理相关理论方法。编者认为两种思路均过于片面，BIM 技术与项目管理的关系应该是相辅相成、互相促进的。

首先，BIM 使项目管理工作重心更偏向于管理。BIM 技术的出现，可以使项目管理人员将一些机械的技术工作交由计算机来完成，从而将更多的精力放在管理问题上。如在进度控制环节，项目管理人员将着重分析进度偏差形成的原因、应采取的措施和如何预防进度偏差，而不会将大量时间用于编制进度计划和调整进度计划；在投资控制环节，项目管理人员将着重对工程建设技术经济指标进行分析和对工程单价进行分析，而不再将一半以上的时间用于工程量的计算上。

其次，BIM 与项目管理技术将共同发展。当前，BIM 技术还不成熟，人们对它还需要有较长的熟悉和适应过程。BIM 技术的给项目管理带来的交互性便利，给多方协同工作提供了有效的平台，但这就需要项目管理者去适应 BIM 带来的工作模式的变化，BIM 对 IPD 模式的推动作用也显示了 BIM 技术对项目管理技术带来的变革。与此同时，在项目管理中遇到的实际问题会促使项目管理者依托 BIM 的平台进行软件的开发或二次开发，项目管理的实际需求是推动 BIM 技术不断前进的动力。

最后，BIM 无法取代项目管理。正如当计算机技术出现时，人们曾畅想会出现机器人的世界，计算机会取代人的位置，甚至支配人。同样，BIM 的出现，也为一些人提出了取代项目管理的理由。但是，我们必须认识到 BIM 只是一种工具，必须由项目管理人员来使用才能发挥其应有的作用。未来一个较为理想的趋势可能是，人工负责设计、创新和监控，计算机和机器人负责具体执行相应任务。

参考文献

[1] 汤二子.生产率、市场规模对企业生存空间的影响 [D].企业经济，2016（7）：88-89.

[2] 杨中宣，杨洋洋.基于 SPSS 的河南省建筑业发展影响因素分析 [J].工程经济，2016（10）：53-54.

[3] 朱芹.工程造价咨询业管理与创新思考 [J].中国市场，2017（3）：85-86+97.

[4] 杨成瑶.我国工程造价咨询企业"走出去"发展战略研究 [D].重庆大学，2017.

[5] 顾快快.我国工程造价咨询管理创新策略研究 [J].建设监理，2018（2）：11-12+26.

[6] 张慧，江民星，彭璧玉.经济政策不确定性与企业退出决策：理论与实证研究 [J].财经研究，2018，44（4）：116-129.

[7] 王崇崇，李慧宗.建筑业增加值影响因素的实证分析 [J].黑龙江工业学院学报，2018（10）：82-83

[8] 顾慧.经济政策不确定性对企业资本结构的影响研究 [D].西南财经大学，2019.

[9] 李晓武.新形式下工程造价咨询企业的发展探讨 [J].工程经济，2019，29（2）：5-9.

[10] 李强.经济环境、政府补贴与企业发展——基于生存分析方法的实证研究 [J].贵州财经大学学报，2019（5）：35-43.

[11] 刘玲玉，卞学纳，于秋华.我国工程造价咨询业管理与创新策略研究 [J].居业，2019（5）：160+162.

[12] 张楠，吴先明.出口行为、企业规模与新创企业生存危险期 [J].国际贸易问题，2020（5）：42-56.

[13] 李福和.没有增量的竞争 [J].施工企业管理，2020（1）：33-34.

[14] 文思君，唐守廉.行业规模、创新效率与企业生存关系的实证 [D].统计与决策，2020，36（7）：158-162.

[15] 林毅夫.比较优势、竞争优势与区域一体化 [J].河海大学学报（哲学社会科

学版），2021，23（5）：1-8+109.

[16] 刘先进.浅析工程造价咨询企业知识管理水平提升途径[J].建筑与预算，2021（3）：8-10.

[17] 韩晓苏.K工程造价咨询公司发展战略研究[D].山东大学，2021.

[18] 蒋兆祖，刘国冬.国际工程咨询[M].北京：中国建筑工业出版社，1998.

[19] 林毅夫，刘培林.自生能力和国企改革[J].经济研究，2001（9）：60-70.

[20] 徐鸿，王向阳.企业成长性标准的界定[J].中国软科学，2001（7）：64-65.

[21] 林毅夫.自生能力、经济转型与新古典经济学的反思[J].经济研究，2002（12）：15-24+90.

[22] 巴尼.获得与保持竞争优势=Gaining and sustaining competitive advantage[M].北京：清华大学出版社，2003.

[23] 唐跃军，宋渊洋.中国企业规模与年龄对企业成长的影响——来自制造业上市公司的面板数据[J].产业经济研究，2008（6）：28-30.

[24] 陈晓红，曹裕，马跃如.基于外部环境视角下的我国中小企业生命周期——以深圳等五城市为样本的实证研究[J].系统工程理论与实践，2009，29（1）：64-72.

[25] 金碚国际金融危机后中国产业竞争力的演变趋势[J].科学发展，2009（12）：30-34.

[26] 王峰.企业规模、效益、年龄和企业生存：理论与再认识[J].未来与发展，2011，34（7）：73-79.

[27] 吴利华，刘宾.企业生存理论研究的文献综述与机理分析[J].科技进步与对策，2012，29（1）：156-160.

[28] 陆雄文.管理学大辞典[M].上海：上海辞书出版社，2013.

[29] 肖兴志，何文韬，郭晓丹.能力积累、扩张行为与企业持续生存时间——基于我国战略性新兴产业的企业生存研究[J].管理世界，2014（2）：77-89.

[30] 李雪娜.工程造价咨询企业知识存量增长机理研究：共生视角[D].天津理工大学，2014.

[31] 李超飞.新疆建筑业产值与固定资产投资关联性的回归[J].建筑，2015（4）：29-30.

[32] 吕源.浅谈工程咨询资质管理及工程咨询企业的发展[J].水力采煤与管道运输，2015（3）：92-95.

[33] 汪士和.2016年中国建筑业形势预测及改革建议[J].建筑，2015（20）：28-33.

[34] 李钜强.G工程咨询公司核心竞争力[D].华南理工大学，2015.